ナンバーワン決定バトル！

恐竜

きょうりゅう さいきょうおうじゃ だいずかん
最強王者大図鑑

監修 土屋 健

宝島社

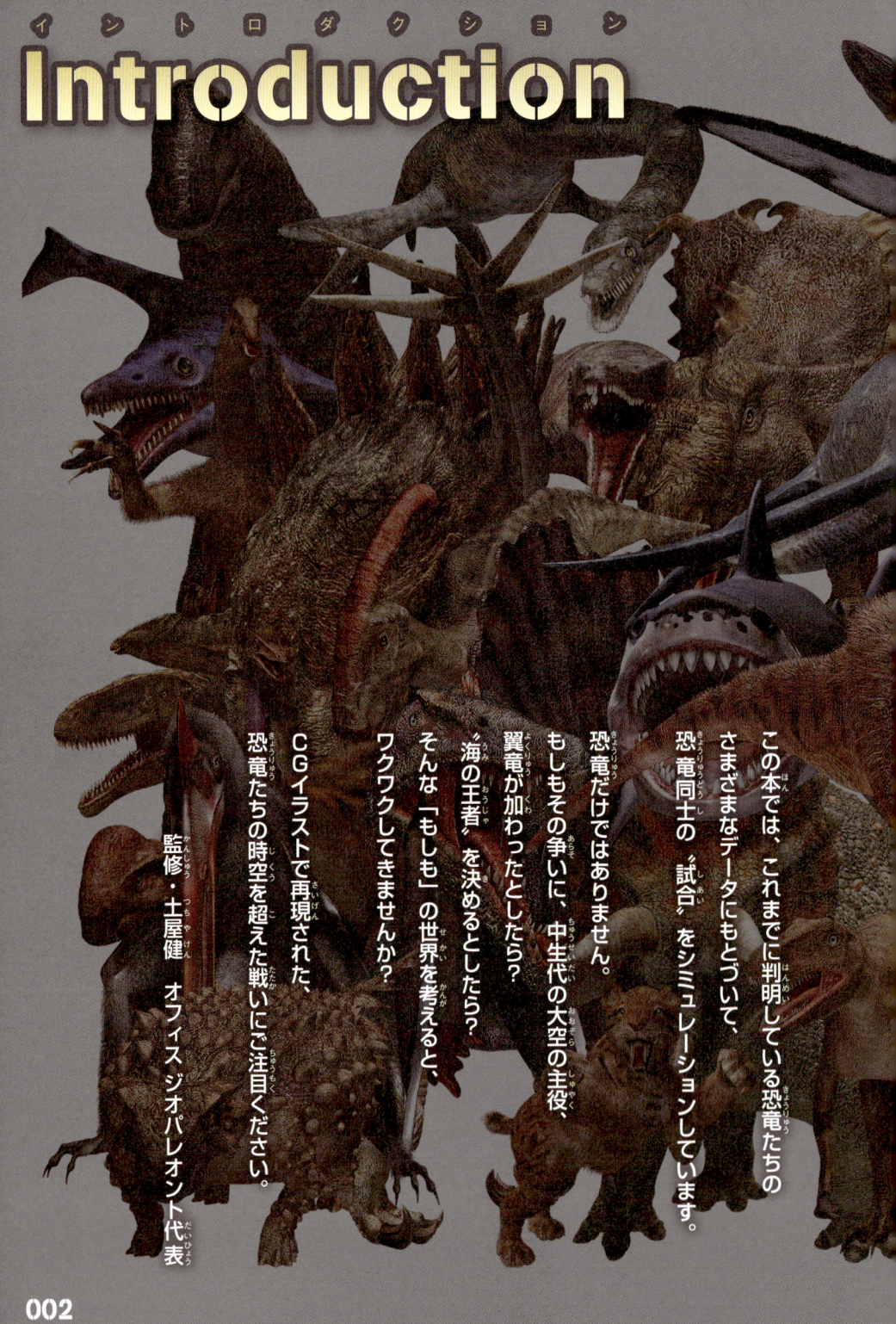

Introduction
イントロダクション

この本では、これまでに判明している恐竜たちのさまざまなデータにもとづいて、恐竜同士の〝試合〟をシミュレーションしています。

恐竜だけではありません。

もしもその争いに、中生代の大空の主役、翼竜が加わったとしたら？

〝海の王者〟を決めるとしたら？

そんな「もしも」の世界を考えると、ワクワクしてきませんか？

CGイラストで再現された、恐竜たちの時空を超えた戦いにご注目ください。

監修・土屋健　オフィス ジオパレオント代表

今から約2億5200万年前にはじまり、
約6600万年前まで続いた「中生代」。
この時代、地上の"覇権"は、恐竜が握っていました。

全長12mの肉食恐竜、ティラノサウルス！
3本の角を持つ角竜類、トリケラトプス！
背中に板を並べた剣竜類、ステゴサウルス！
……などなど、
中生代にはさまざまな姿をした恐竜が
世界各地で繁栄していました。

もしもそんな恐竜たちが、時空を超えて相対し、
"最強の座"を目指して戦うことになったとしたら
どうなるでしょうか？

最強恐竜王決定トーナメント表

Aブロック

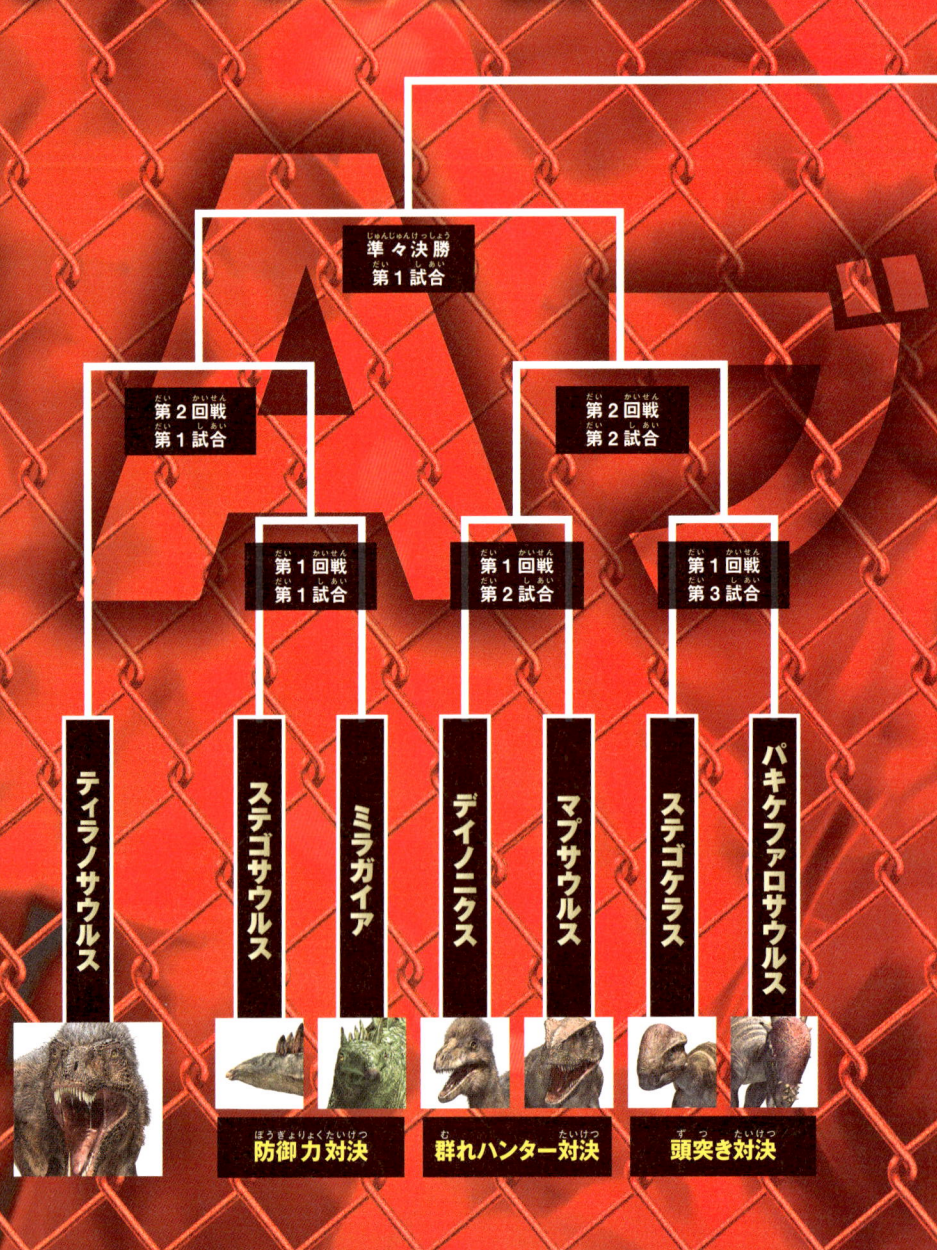

準々決勝
第1試合

第2回戦
第1試合

第2回戦
第2試合

第1回戦
第1試合

第1回戦
第2試合

第1回戦
第3試合

ティラノサウルス

ステゴサウルス

ミラガイア

デイノニクス

マプサウルス

ステゴケラス

パキケファロサウルス

防御力対決

群れハンター対決

頭突き対決

決勝

Bブロックの覇者と優勝決定戦

準決勝 第1試合

準々決勝 第2試合

第2回戦 第3試合

第2回戦 第4試合

第1回戦 第4試合

第1回戦 第5試合

第1回戦 第6試合

第1回戦 第7試合

- アロサウルス
- カルノタウルス
- サイカニア
- アンキロサウルス
- トリケラトプス
- パキリノサウルス
- タンバティタニス
- フクイラプトル

鬼面恐竜対決 | **テールハンマー対決** | **角対決** | **日本代表対決**

最強恐竜王決定トーナメント表

Bブロック

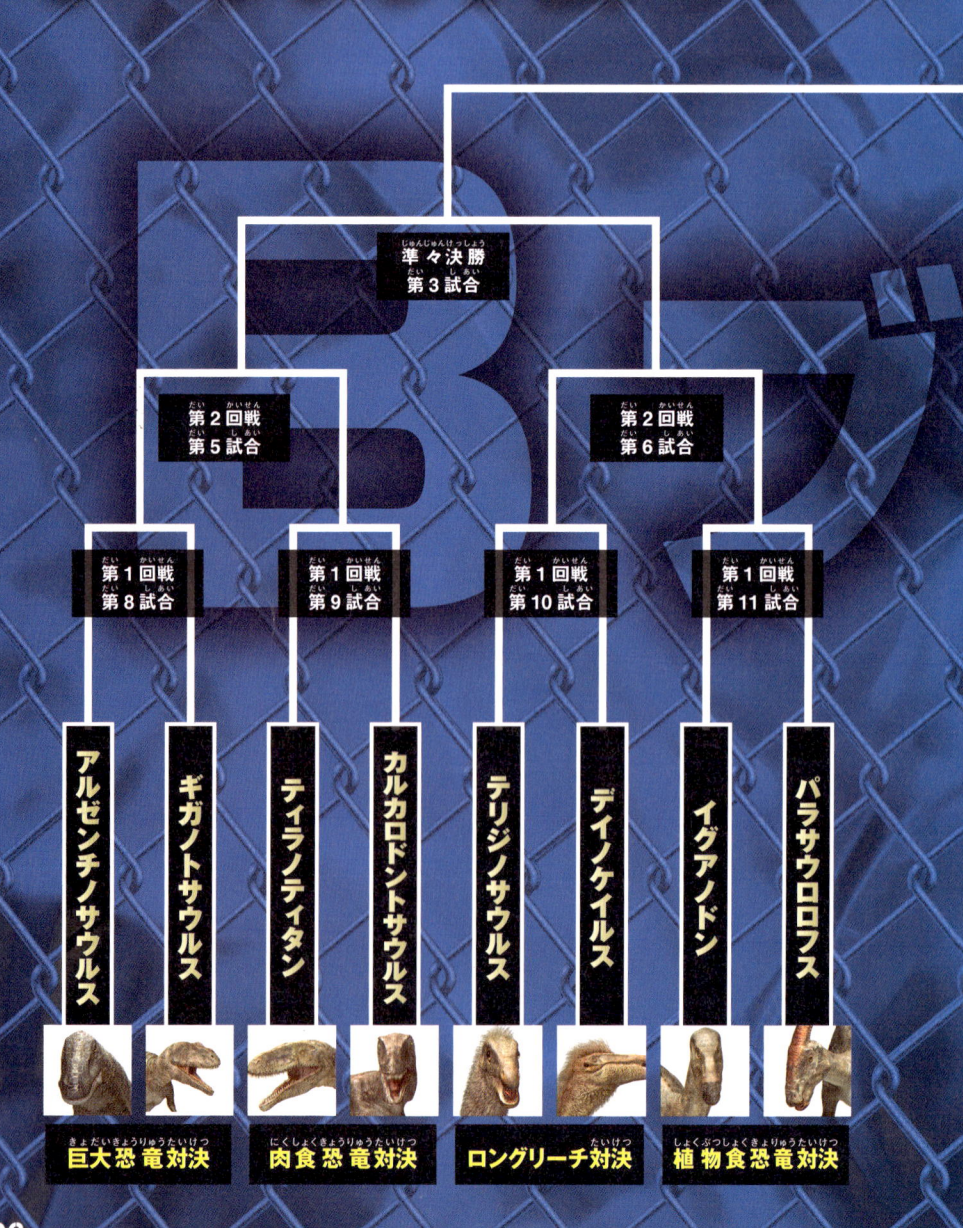

準々決勝
第3試合

第2回戦
第5試合

第2回戦
第6試合

第1回戦
第8試合

第1回戦
第9試合

第1回戦
第10試合

第1回戦
第11試合

アルゼンチノサウルス

ギガノトサウルス

ティラノティタン

カルカロドントサウルス

テリジノサウルス

ディノケイルス

イグアノドン

パラサウロロフス

巨大恐竜対決　　肉食恐竜対決　　ロングリーチ対決　　植物食恐竜対決

決勝

Aブロックの覇者と優勝決定戦

準決勝
第2試合

準々決勝
第4試合

第2回戦
第7試合

第2回戦
第8試合

第1回戦
第12試合

第1回戦
第13試合

第1回戦
第14試合

プテラノドン

ケツァルコアトルス

トロオドン

ヴェロキラプトル

オルニトミムス

ミクロラプトル

スピノサウルス

翼竜対決

インテリ恐竜対決

スピードスター対決

最強水中王決定トーナメント表

優勝

決勝

準決勝 第1試合

準決勝 第2試合

第1回戦 第1試合

第1回戦 第2試合

リオプレウロドン

メトリオリンクス

アーケロン

タラットアルコン

フタバスズキリュウ

モササウルス

エキシビション
対戦カード

恐竜を含む絶滅動物や現生生物が、時を越えて戦うドリームバトル。

エキシビション−1

ハイイロオオカミ　VS　デイノニクス

エキシビション−2

ホッキョクグマ　VS　スミロドン

エキシビション−3

メガロドン　VS　モササウルス

① 恐竜王決定トーナメントは1回戦で武器としての長所をともにする恐竜同士が戦う。

② 出場する恐竜たちは、その種の成体（大人）である。

③ 群れを作っていたという生態をバトルに活かすため、デイノニクスとマプサウルスは4匹1チームで出場とする。

④ 好戦的でない恐竜であっても、最初は全力で戦うものとする。

⑤ 戦いの舞台は戦う両者が生息していた場所や時代に関係せず、有利不利がないステージに設定される。ただし、有利な地形に相手を誘い込むのは問題ない。

⑥ 戦いは日中行われる。バトルステージの時代は、先カンブリア時代から現代までランダムで決定される。

⑦ どちらか一方が戦闘不能になるか、逃走した時点で戦闘終了となる。制限時間はなく、時間無制限とする。

⑧ 戦いで負傷したとしても、次戦では全快するものとする。

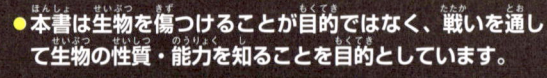

諸注意

● 本書は生物を傷つけることが目的ではなく、戦いを通して生物の性質・能力を知ることを目的としています。

● 本書に掲載した生物同士の戦闘は、化石などの標本の研究結果にもとづくシミュレーションです。戦いの結果は、必ずしも毎回、本書の通りに勝敗がつくということは保証いたしません。

● 出場する生物に対する青コーナー、赤コーナーというふり分けは、勝敗の表示をわかりやすくするためのもので、現実のボクシングなどのような青コーナーが挑戦者、赤コーナーがチャンピオンという意味ではありません。

目次

ページの見方

対戦恐竜紹介

バトルシーン

① **ラウンド**：どのトーナメントの何回戦目かを示しています。
② **名前**：戦う生物の名前を示しています。
③ **大きさ**：全長は鼻先から尻尾の先端までの長さ、翼開長は翼の横幅、頭胴長は鼻先から尻までの長さを示しています。※平均的な大きさ
④ **データ**：分類、食性のほか、生息した時代を三畳紀／ジュラ紀／白亜紀それぞれの前期・中期・後期の計9段階に分けて表示しています。
⑤ **化石発見場所**：どこで化石が見つかったかを示しています。
⑥ **サイズ**：成人男性（身長約170cm）または3階建てビル（高さ約10m）とともに、恐竜の大きさを示しています。
⑦ **紹介文**：恐竜の習性や能力などを解説しています。
⑧ **武器**：恐竜の強い部位や攻撃方法を解説しています。
⑨ バトルの舞台、背景についての説明です。
⑩ バトルシーンを再現したCGイラストです。
⑪ 勝負を分けた生物たちの能力や攻撃をピックアップします。

最強恐竜王決定トーナメント

Aブロック 第1回戦

- ステゴサウルス **VS** ミラガイア
- デイノニクス **VS** マプサウルス
- ステゴケラス **VS** パキケファロサウルス
- アロサウルス **VS** カルノタウルス
- サイカニア **VS** アンキロサウルス
- トリケラトプス **VS** パキリノサウルス
- タンバティタニス **VS** フクイラプトル

相手を威嚇する紅の背中

ステゴサウルス

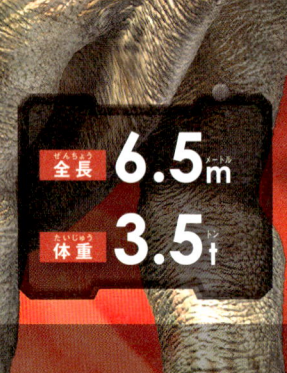

全長	**6.5**m
体重	**3.5**t

分類	鳥盤類剣竜類
食性	植物食
時代	三畳紀　ジュラ紀　白亜紀

化石

サイズ

背板が赤くなる大きな剣竜類

剣竜類中、最大の種類で、背中の背板は、最大で幅80cm、高さ1m。その内部には血管網が走っており、体温調節機能があったという。また背板は血流量の調整で、表面の色を赤く変え、相手を威嚇していたとも推測されている。

武器

鋭い尻尾のスパイク

尻尾の先端に4本のスパイクを備え、強い尻尾攻撃で襲いかかる肉食恐竜を撃退していた。顎には小さい骨が密集し、首を守る。

ミラガイア

剣竜類最長の長い首

全長	6.5m
体重	2t

分類	鳥盤類剣竜類
食性	植物食
時代	三畳紀 ジュラ紀 白亜紀

化石

サイズ

ノコギリ状の攻撃的な背板!

多くの剣竜類は首が短く、地表近くの植物を食べていたが、ミラガイアは剣竜類のなかでもっとも首が長い。背中にあるノコギリ歯のような背板は比較的小さいため、ほかの剣竜類より身軽で、素早いと思われる。

武器

長い首を背板でガード

17個のけい椎からなる長い首を持つため、頭は狙われづらい。高い所の植物を食べるために首が長かったと考えられている。

両者ともに武器は、尻尾にある鋭いスパイクだ。そして勝敗を分けるカギとなるのはお互いが身にまとう鎧のような背板だろう。この頑丈な鎧を尻尾の矛でどちらが破るかが見ものだ。草が茂る草原も、どちらに有利に転ぶかまったくわからない。ゴング前だが、ミラガイアは長い首でステゴサウルスを凝視し、分析している！

バトル開始

1 背板が怒りに燃える！

気合の入ったミラガイアが尻尾で一撃を放つがかすっただけだ。不意な攻撃にステゴサウルスは怒り、背板を真っ赤にして迫る。ミラガイアは思わずたじろぎ、相手を近づけないために尻尾で牽制をくり返す。

2 喉の防御で流れが変わる

ミラガイアのやみくもな牽制攻撃がステゴサウルスの喉にクリーンヒット！ だが喉を守る小さな骨でステゴサウルスはダメージを受けない。激昂したステゴサウルスは相手に突進する。

クライ マックス

3

重量級タックルが炸裂

ステゴサウルスは強烈な体当たりを食らわせた。1t以上自分より重い相手に吹き飛ばされたミラガイアは、長い首が折れる。ミラガイアは動かなくなり、ステゴサウルスがKO勝利。

キラーアタック!!
体重差が勝因

剣竜類最大の巨体を活かした体当りは、軽量の敵を吹っ飛ばす威力を持っている。

勝者 **赤コーナー**

ステゴサウルス

両者ともに肉食恐竜の攻撃を退けたという強固な鎧をまとうため、攻めあぐねる。均衡を破ったのはステゴサウルスの背板の威圧力だ。これで流れが変わり、勝利が決まった。

恐怖のチームワーク

ディノニクス

全長	**3.3m**
体重	**60kg**

分類	竜盤類獣脚類 ドロマエオサウルス類
食性	肉食
時代	三畳紀　ジュラ紀　白亜紀

化石

サイズ

高い知能を持つ集団暴走竜

体は小型だが大きな脳を持ち、見事なチームプレーで大きな恐竜をも狩る凶暴な捕食者だったと考えられている。また骨格から、時速約40kmで走ったと推測されている。体表は鳥に似た羽毛で覆われていた。

武器

ナイフのようなカギ爪

約13cmの後ろ足第2指の大きな爪が武器。戦闘ではこれを深く食い込ませて敵に致命傷を与え、絶命後に切り分けていた。

マプサウルス

狂暴な集団捕食ファミリー

全長	11.5m
体重	5t

分類	竜盤類獣脚類 アロサウルス類
食性	肉食
時代	三畳紀 ジュラ紀 白亜紀

化石

サイズ

群れで襲い来る大型肉食獣

成体から子どもまで、さまざまな大きさの化石が1カ所から発掘されたため、世代を超えて群れを作って生活していたと考えられる。ティラノサウルス級の体長だが骨格は軽量のため、軽快な動きが可能だったと思われる。

武器

鋭い牙

牙は非常に鋭いが、細長く、厚さも薄い。これは戦闘の際、獲物や敵の肉を切り裂き、失血死させる機能を持っていたと推測される。

大乱戦が予想される群れ対決がはじまる。成体のデイノニクス4匹に対して、マプサウルスも4匹。しかしマプサウルスの成体は、デイノニクスの3倍以上体格が大きい。ただしマプサウルスの1匹はまだ若く、狩りに出はじめたばかりの半人前。木々が茂る森林地帯で両者はどのように戦うのだろう。

バトル開始

1 森林に隠れてゲリラ攻撃

体格で劣るデイノニクスらは、正面から挑んでも勝てないと判断し、四散して森林に姿をくらます。知能の高いデイノニクスらは森林を利用したゲリラ戦で体格差をカバーしようと試みる。

2 最初の犠牲者は未熟な若者だった！

姿なき敵にいら立ったマプサウルスは、陣形を崩して索敵を開始。だが、それが敵の狙い。デイノニクスは単独の若いマプサウルスに照準を定め、4匹同時の攻撃で死に追いやる。

クライマックス **3**

ワナにかかり連携分断

連携が崩れたマプサウルスは、森林を利用したデイノニクスらの巧みな攻撃に手も足も出ない。マプサウルス側も体格差で1匹を倒したが、生い茂る木々によって持ち味の軽快な動きが発揮できず、全滅させられてしまう。

キラーアタック!!
弱点を攻める頭脳作戦

知能派・デイノニクス側の森の中のゲリラ殺法。ひ弱な1匹から倒し、連携を分断させた。

勝者 赤コーナー

デイノニクス

互いに入り乱れる大乱戦も考えられたが、知能で上回るデイノニクスチームが森を利用し、マプサウルスをキリキリ舞いにした。この巧みなゲリラ戦が勝利のカギとなった。

ステゴケラス

小さく素早いマシンガン頭突き

全長	**2.2**m
体重	**70**kg

分類	鳥盤類堅頭竜類 パキケファロサウルス類	化石		サイズ
食性	植物食			
時代	三畳紀　ジュラ紀　白亜紀			

頭から突っ込む突貫恐竜

堅頭竜の仲間では、小型の種類。頭頂はドーム状に盛り上がっており、繁殖期になるとメスをめぐってオスが頭突きでぶつかり合い優劣を決めたと考えられている。2足歩行で後ろ足は長く、走行に適した形体だ。

武器

ヘルメット頭

特徴的な頭部だが、頭蓋骨は硬い緻密骨で構成され、強い衝撃に耐えられる。これのもっとも分厚い部分は7cm以上もある。

パキケファロサウルス

頭で敵を破壊する粉砕恐竜

全長	4.5m
体重	450kg

分類	鳥盤類堅頭竜類 パキケファロサウルス類
食性	植物食（雑食説あり）
時代	三畳紀 ジュラ紀 白亜紀

化石

サイズ

頭突き特攻

もっとも大きい堅頭竜類である。硬くて頑丈な頭をぶつけ合って争い、仲間内で順位を決めていたと推測される。首は細くて衝撃には強くないので、頭をわき腹や胴体の柔らかい部位にぶつけたり、押し付けたりしていたとされる。

武器

最大の石頭

強固な頭蓋骨は、もっとも分厚い部分で25cmになる。頭の周囲には突起がいくつもあり、まるで戴冠した王のような風貌。

南米のギアナ高地に存在する、垂直に切り立つテーブル・マウンテンが、戦いのステージだ。台地の上の開けた原野で対峙するステゴケラスとパキケファロサウルス。両者とも頭の骨が発達した石頭恐竜である。2匹がくり出す頭突き攻撃は、どちらが強いのか。太古の石頭ナンバー1を決定する「頭突き対決」のゴングが今、鳴らされる！

バトル開始

1 小兵がスピード勝負を仕掛ける

小さく、小回りの利くステゴケラスが、フットワーク巧みにパキケファロサウルスの懐に飛び込み、相手の足に連続頭突き！パキケファロサウルスは、ジャブのような小刻みな頭突きに苦戦。反撃ができない。

2 ステゴケラスがとどめを放つ

足にダメージが蓄積し、よろめきはじめたパキケファロサウルス。そこを勝機とみたステゴケラスは、体格差をはね返せると踏んで相手と頭で組み合って力勝負を仕掛ける。

クライマックス

3

形勢逆転のパワー

だがパキケファロサウルスは闘争心を失っていなかった。勢いにのる敵の猛進を頭でグイグイと押し返し、崖から突き落とす！ 横綱相撲でパキケファロサウルスが勝利。

キラーアタック!!
力比べ

頭突き対決の明暗を分けたのはパワーだった。地力で勝るパキケファロサウルスが競り勝った。

勝者 青コーナー
パキケファロサウルス

俊敏な動きでパキケファロサウルスの足を攻めたステゴケラス。だが敵の頭突きを頭突きで押し返すパワーと体格を持ったパキケファロサウルスに、あと一歩及ばず。

アロサウルス

ジュラ紀の覇者

全長	8.5m
体重	3t

分類	竜盤類獣脚類 アロサウルス類
食性	肉食
時代	三畳紀 ジュラ紀 白亜紀

化石

サイズ

ジュラ紀最強のプレデター

ジュラ紀最強の捕食者。単独で狩りをしていた説と、大型の獲物を群れで狩っていた説がある。歯はナイフ形をしており、肉を切り裂くことができる。ターゲットを逃さない強靭な脚力もあり、優れたハンターだ。

武器

巨大で速い

大型肉食恐竜のパワーがありつつ、細身で軽量な体の作りなので時速30kmと速く走ることもできたと思われる。

カルノタウルス

敵知らずの南半球の鬼

全長	7.5m
体重	2t

分類	竜盤類獣脚類 アベリサウルス類
食性	肉食
時代	三畳紀 ジュラ紀 白亜紀

化石

サイズ

2本角の暴れん坊

白亜紀後期の南半球に君臨していた大型捕食者。目の上には、鬼のような2本の角がある。皮膚の跡の化石が発見されており、頭から背中にかけての両脇に、盛り上がったこぶのような円錐形の鱗があったとも推測されている。

武器

角を持つ肉食恐竜

目の上の2本の角は、頭突き攻撃に使ったという説がある。発達した後ろ足を持ち、時速50km以上で走れたという。

大型肉食恐竜同士の戦いは、ジュラ紀北半球の覇者 vs 白亜紀南半球の王者の獰猛対決だ。身を隠す障害物がない草原は、小細工なしの真っ向勝負にうってつけ。両者ともに時代を代表する捕食者で、対峙するものを恐怖のどん底に落とし込む体格と、威圧感抜群の目の上の角を持つ。それぞれ似た特徴を有する2匹の王者が、真の王を決めるべく対決する。

バトル開始

1 カルノタウルスの角を使った頭突きで大流血

悠然と歩みよる両者。互いに自分が王だと言わんばかりに角をぶつけ合う。咆哮を上げながら角を激しく絡ませ合う両者だが、攻撃的なカルノタウルスの角で、アロサウルスは顔から流血しはじめる。

2 ゼロ距離ファイトから攻守交代

流血するアロサウルスに角で追い打ちをかけるカルノタウルス。両者の胴体が密着するようなインファイトとなり、アロサウルスは長い前足で相手をつかみ、爪が胴体に深く刺さる。

クライマックス

3 抑え込みで王が決定

カルノタウルスも力で応戦しようとするが、前足が短いため身動きが取れない。アロサウルスは自分が王だと誇示するがごとく相手を地に組み伏せ、冷静に喉を噛み切る。

キラーアタック!! 敵を下す腕力

アロサウルスは前足を使った組討ちで流血戦の劣勢を跳ね返した。

勝者　赤コーナー

アロサウルス

壮絶な噛み合いや、ぶつかり合いが予想されたが、勝敗はアロサウルスが戦闘術で引き寄せる。剛腕を巧みに使った技は、さすがジュラ紀随一の敏腕ハンターだ。

サイカニア

戦うトゲ戦車

全長	5m
体重	2t

分類	鳥盤類鎧竜類 アンキロサウルス類
食性	植物食
時代	三畳紀　ジュラ紀　白亜紀

化石

サイズ

怒らせるとコワイ暴竜

全身を装甲で包んだ鎧竜の大型種。尾の先に、骨の塊でできた重々しいハンマー状のこぶを備えていた。また尾の側面にも、鋭いトゲを持っていた。これを振って、肉食恐竜などの敵から護身していたと推測される。

武器

最高武装を持つ鎧竜

平面状の装甲板ではなく、トゲのように発達した皮骨が、前足やわき腹、尾を覆っており、全身を隙間なく防護していた。

アンキロサウルス

攻守に優れた装甲

全長	**7** m
体重	**6** t

分類	鳥盤類鎧竜類 アンキロサウルス類	化石	サイズ
食性	植物食		
時代	三畳紀 ジュラ紀 白亜紀		

全身を装甲で包む

アンキロサウルスは、頭から尾の先まで、重厚な骨板の鎧に包まれている鎧竜の最大種だ。その装甲は硬いだけでなく、柔軟さも持っていた。尾の先に大きなこぶを持ち、こぶの前の７個の骨は癒着して、こん棒のようになっていた。

武器

強力な防御力を持つ

尾のこぶは最大の武器でハンマーのように振るい、敵の足を打ち砕いた。全身は骨板と繊維組織によって、堅固かつ柔軟な鎧である。

普段は攻撃的ではない、植物食恐竜同士の対決である。好戦的ではないものの、両者とも防御の装甲はトップクラス。武装も強力なハンマーの尾を備え、肉食恐竜さえ安易には攻撃をしかけない存在だったと目される。アグレッシブな尻尾ぶんまわし対決が予想され、バトルステージも、自由に体を回転できるひらけた荒野だ。果たしてどんな戦いを見せるのか。

バトル開始

1 必殺の回転足折り殺法が炸裂

にらみ合う2匹は、命がけの勝負にいきり立っていた。先に動いたサイカニアは、アンキロサウルスの側面をとり、相手の後ろ足に尻尾のハンマーを叩きつけた！

2 ハンマーテールで応戦するが……

悲鳴を上げたアンキロサウルスが反撃に出た。巨体を反転させ、サイカニアのわき腹に尻尾の一撃を見舞う。だが、サイカニアはわき腹にもトゲの鎧があり、致命傷を与えられなかった。

キラーアタック!!
攻撃は最強の防御

クライマックス

3 足を骨折して戦意喪失

相手の反撃にも闘争心が萎えないサイカニアは、テールハンマーで再度攻撃。アンキロサウルスはダメージが蓄積して後ろ足を骨折。戦意喪失し、立ち上がれなくなった。

鎧竜類の尻尾の攻撃は、肉食恐竜も恐れる破壊力。尻尾攻撃を使えば、対戦相手の鎧の出番はそうそうない。

勝者　赤コーナー
サイカニア

植物食恐竜同士の戦いだったが、ファイト内容は、互いに積極的攻撃に出る激しいものだった。勝負を分けたのは、わき腹側の鎧という僅差であった。

強きを挫く三本角

トリケラトプス

全長	8m
体重	10t

分類	鳥盤類角竜類 ケラトプス類
食性	植物食
時代	三畳紀　ジュラ紀　白亜紀

化石

サイズ

白亜紀肉食恐竜の最大のライバル

恐竜時代の後期を生き延びた種族で、化石が多く見つかっている。巨大な頭骨に備えた3本の角と発達した首の筋肉で、強力な突き攻撃ができた。これは同族との闘争や護身のために用いられたと考えられている。

武器

巨大な三連装兵器

最長1mにも達した角は、成長にしたがって大きくなり、攻撃力は抜群だ。またフリルも成長とともに形状を変えた。

パキリノサウルス

パワー型こぶファイター

全長	6m
体重	3t

分類	鳥盤類角竜類 ケラトプス類
食性	植物食
時代	三畳紀 ジュラ紀 白亜紀

化石

サイズ

こぶで戦う角竜類

角を持たない角竜類で、大規模な群れの化石が発見されており、集団で生活をしていたと考えられている。映画『ウォーキング with ダイナソー』（'13）は、群れからはぐれてしまうパキリノサウルスの子供が主人公だった。

武器

集団行動の巧者

こぶは頭骨前面が厚くなったもの。同族のオス同士の優劣を競い、ぶつかり合いの争いをしたのではないか、と推測されている。

035

植物食恐竜の代表ともいえるケラトプス類の対決は、湖畔の対戦ステージで展開される。トリケラトプスの3本角の貫通力と、パキリノサウルスのこぶの破壊力は、どんな攻防を見せるのか。肉食恐竜の凶暴さはないが、パワーと防御力を駆使した肉弾戦が予想されるだけに、迫力は満点だろう。中世の騎士さながらの一騎打ちになることうけあいだ。

バトル開始

1 静かな威嚇戦で戦いははじまった！

トリケラトプスは角を振って威嚇しながらパキリノサウルスに向かって前進をはじめた。対抗するパキリノサウルスは、リーチの差で攻めあぐねながら、隙を狙っている状態だ。

2 ファーストコンタクトは角vsこぶの武器対決

先に仕掛けたのはトリケラトプスだ。敵の顔面に角を突き刺そうと頭をぶつける。対するパキリノサウルスもこぶで勢いよく受け止める。トリケラトプスの角が折れて宙に舞う。

クライマックス

3 パワー勝負で決着！

折れた角とこぶをぶつけ合って組んだ2匹。3倍以上の体重を持つトリケラトプスは、パワー全開で相手を湖へと追いやって突き落とし。パキリノサウルスは湖に落ちて溺れる。

キラーアタック!!
体重を利用した押し出し

角 vs こぶからのパワー勝負。トリケラトプスの前進力が大きくものを言った一戦だ。

勝者 赤コーナー
トリケラトプス

トリケラトプスの勝因となったのは、武器の優位性ではなく、大きな体重差である。パキリノサウルスは、抵抗もできずに湖に落とされ、溺死してしまった。

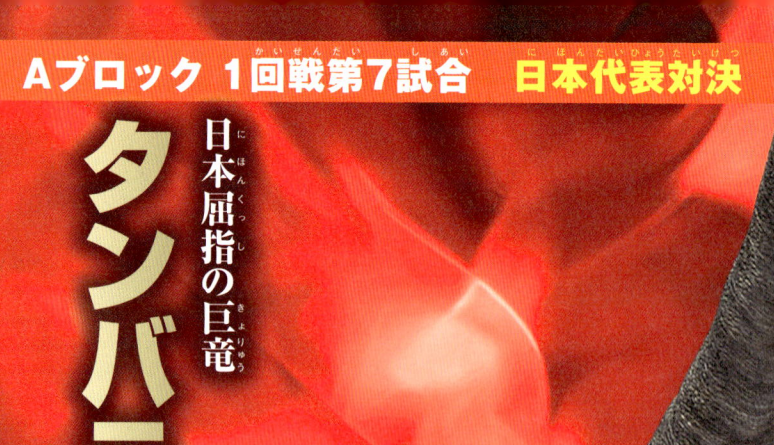

日本屈指の巨竜
タンバティタニス

全長 **14**m
体重 **4**t

分類	竜盤類竜脚類 ティタノサウルス類
食性	植物食
時代	三畳紀　ジュラ紀　白亜紀

化石

サイズ

日本で最大級の竜脚類

兵庫県丹波市で発見されたティタノサウルス類で、かつて日本に生息していた恐竜では最大級である。産出地からは肉食性の獣脚類の化石も見つかっており、両者が生態系において捕食関係にあったことが分かる。

武器
脅威の巨体が最大の武器

タンバティタニス最大の武器は、全長の約1/3もの長さの尾と体重だ。その巨体に肉食恐竜も簡単には手出しできなかった。

フクイラプトル

おそるべき肉食恐竜日本代表

全長	**5**m
体重	**300**kg

分類	竜盤類獣脚類 アロサウルス類
食性	肉食
時代	三畳紀 ジュラ紀 白亜紀

化石

サイズ

日本の切り裂き恐竜

アロサウルス同様、手に大きな鋭いカギ爪を持った獣脚類である。発見された化石は未成熟の個体のもので、全長5mほどの大きさ。当然、それ以上に成長する可能性もあり、日本の恐竜世界では、脅威の存在だったはずだ。

武器

大きな爪の第1指

前足にはカギ爪があり、特に第1指の爪は10cmもの大きさだった。後ろ足が長いのが特徴で、早く走ることができたと思われる。

太古の日本は、現在のような島国ではなく大陸と地続きだったため、恐竜たちが闊歩し、熾烈な生存競争がくり広げられていた。この一戦は、恐竜の日本代表決定戦である。戦場に上がったのは、片や日本最大級の竜盤類タンバティタニス、片や大きなカギ爪が武器の獣脚類のフクイラプトル。戦場となるのは、湿地帯である。このステージが不利になるのか、有利になるのか。勝負は静かにスタートした。

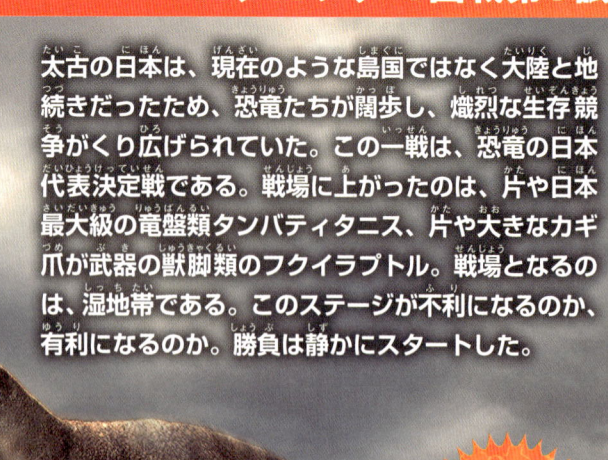

バトル
開始

1 序盤戦は、にらみ合いからスタート

体格で勝るタンバティタニスは、先手必勝とみて相手に近づく。堂々と歩みよる威圧感に、フクイラプトルは1歩、また1歩と後退を余儀なくされた。

2 カギ爪の先制攻撃が決まる！

しかしタンバティタニスは不運にも後ろ足が泥にハマり、身動きができなくなった。不用意に飛び込まず、冷静にチャンスをうかがっていたフクイラプトルは側面から飛びかかり鋭い爪を突き刺した！

クライマックス

3 隙をついたタンバティタニスの必殺攻撃

勝負あり！と思いきや、タンバティタニスが首を振り回しフクイラプトルが落下。次にくり出された超重量級の踏み潰し攻撃に、肉食竜はあえなく圧死するのだった。

キラーアタック!!
超重ストンピング

タンバティタニスの武器は、その巨躯。4tもの体重で踏み潰されれば肉食恐竜もただでは済まなかった。

勝者 **赤コーナー**

タンバティタニス

恐竜の日本代表決定戦は、凶暴な肉食恐竜の勝利と思われたが、タンバティタニスが巨躯を活かして勝利。実際の生存競争でも、こうした場面は少なくなかったと思われる。

恐竜基礎知識

恐竜は中生代に生き、爬虫類とは異なる体のつくりをしていた。ここを読めば、恐竜が生息した3つの時代区分、竜盤類・鳥盤類といった系統など、知っておきたい恐竜の基礎知識が身につく。

恐竜と爬虫類のちがい

恐竜と爬虫類は、胴に対する足のつき方が大きく異なっている。恐竜は胴に対して足が真下に伸びている。一方、その他多くの爬虫類は、足が横に向かってついていて、膝が90度近く折れ曲がっている。

恐竜

胴

足

ほかの爬虫類

胴

足

恐竜が生きた時代

恐竜は中生代にあたる三畳紀、ジュラ紀、白亜紀に生息していた。

古生代	中生代	新生代
5億4100万年前～2億5200万年前	2億5200万年前～6600万年前	6600万年前～現代

三畳紀		ジュラ紀		白亜紀
主な恐竜……パンファギア、プラテオサウルス、コエロフィシスなど	2億100万年前	主な恐竜……アパトサウルス、始祖鳥、ステゴサウルスなど	1億4500万年前	主な恐竜……アンキロサウルス、ティラノサウルス、ニッポノサウルスなど

恐竜の進化と系統

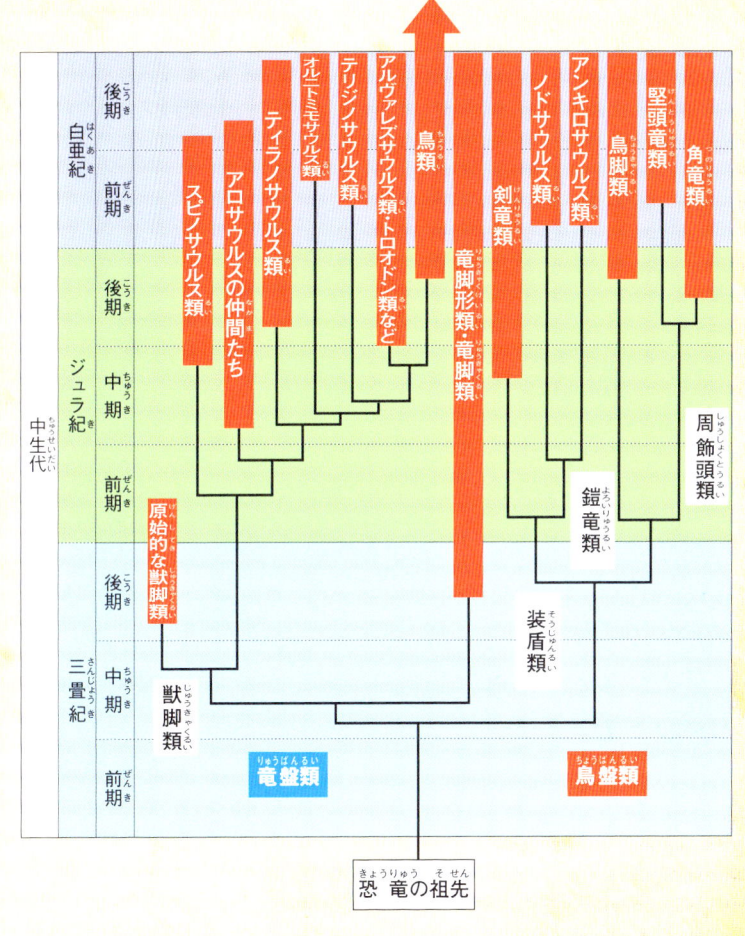

『世界最大 恐竜王国 2012 公式カタログ』の図を一部改変

恐竜は鳥と似た骨盤を持つ「鳥盤類」と、トカゲに似た骨盤を持つ「竜盤類」の2グループに分かれる。鳥盤類の恐竜はすべて植物食で、すでに絶滅している。竜盤類は現生の鳥類も含まれる。恐竜は中生代に出現してから、時代を追うごとに多様化していった。恐竜は毎月のように新種が発見され、系統図が変わることも珍しくない。

ハイイロオオカミ

規律あるオオカミ軍団

現生
生物代表

全長	**160**cm
体重	**80**kg

分類	哺乳類食肉類イヌ科
食性	肉食
時代	現在

生息

サイズ

賢さで生き抜く猛獣

リーダーが統率する群れで行動し、年寄りやケガを負った仲間の世話も、協力して行う社会性のある動物。シカ、ヘラジカ、バイソン、ジャコウウシといった大型の獲物も、集団で協力してハンティングする。

武器

強いコミュニケーション力

におい、遠ぼえ、顔の表情、ボディランゲージで、仲間同士のコミュニケーションを取る能力が、ハイイロオオカミの最大の武器だ。

デイノニクス

恐竜屈指のハンティング集団

全長 **3.3m**
体重 **60kg**

分類	竜盤類獣脚類 ドロマエオサウルス類
食性	肉食
時代	三畳紀 ジュラ紀 白亜紀

化石

サイズ

賢さで生き抜く猛獣

デイノニクスの戦闘能力は、個体の力だけでは測ることができない。デイノニクスは小型の恐竜だが、高い知能を持ち、チームプレー、つまり集団戦法を使って、自分たちより大型の獲物を倒すことができたと考えられている。

武器

集団の結束力

群れで狩りを行う知能が、デイノニクスの最大の能力だ。その賢さが、高い結束力を生み出したと思われる。

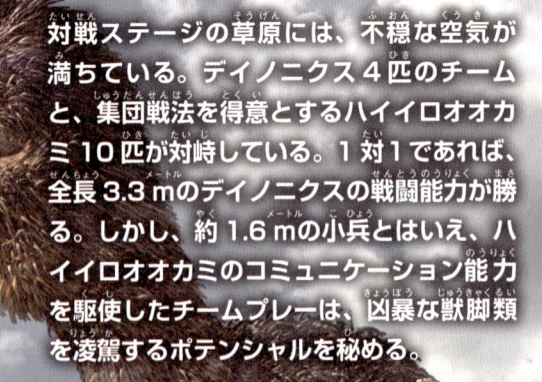

対戦ステージの草原には、不穏な空気が満ちている。デイノニクス4匹のチームと、集団戦法を得意とするハイイロオオカミ10匹が対峙している。1対1であれば、全長3.3mのデイノニクスの戦闘能力が勝る。しかし、約1.6mの小兵とはいえ、ハイイロオオカミのコミュニケーション能力を駆使したチームプレーは、凶暴な獣脚類を凌駕するポテンシャルを秘める。

バトル開始

1　1対2の戦法でデイノニクスが先攻

敵の戦闘力が自分たちより劣ると判断したデイノニクスのチームは、まず二手に分かれ、ハイイロオオカミの連携を分断。1対2の襲撃で仕留めていく戦法に出た。

2　オオカミ軍団は遠吠えで仲間を確認

瞬く間に2匹が狩られたハイイロオオカミは最高時速50kmと言われる走力で散開。デイノニクスを振り切り、500mほど離れた場所にて、遠吠えで仲間同士と連絡し合う。

クライ マックス

3 ハイイロオオカミは夜襲の集団戦を敢行

日が暮れると、8匹のハイイロオオカミの反撃がはじまった。夜目が利くデイノニクスも、気温が下がったため動きがわずかに鈍り、そこを突かれて数の差で餌食になった。

キラーアタック!!
軍団の統率能力

高い知能で群れをコントロールしながら、夜間戦闘に持ち込んだハイイロオオカミの戦術が光った。

勝者　赤コーナー

ハイイロオオカミ

ハイイロオオカミの集団戦法のほうが上手だった。多くの恐竜は外気温の低下で活動が鈍くなるが、哺乳類は気温が下がっても運動能力がほとんど変わらない。

かしこさ部門

動物は体重に対して脳が大きいほど、かしこい傾向にある。
その割合を示す指標には「EQ値」があり、ここではワニを
1としたときの値とする。

EQ値
5.8

トロオドン
（ドロマエオサウルス類）

脳が大きく、人間と同じように直立に近い形で正面を向く。
トロオドンを含むドロマエオサウルス類は、すべての恐竜
のなかでもっともかしこいグループとして知られている。

EQ値
0.7〜0.9

トリケラトプス
（角竜類）

トリケラトプスが有名な角竜類は、現在のワニに若干劣る
EQ値だった。角竜類でほかにはセントロサウルス、パキ
リノサウルス、ディアブロケラトプスなどがいる。

EQ値
0.4

アンキロサウルス
（鎧竜類）

アンキロサウルスなどの鎧竜類はEQ値が0.4とワニの
半分に満たない。ちなみにアパトサウルスなどの竜脚類は、
EQ値0.2と恐竜の各グループの中で最低の数値だ。

最強恐竜王決定トーナメント

トーナメント

Bブロック 第1回戦

アルゼンチノサウルス **VS** ギガノトサウルス

ティラノティタン **VS** カルカロドントサウルス

テリジノサウルス **VS** デイノケイルス

イグアノドン **VS** パラサウロロフス

プテラノドン **VS** ケツァルコアトルス

トロオドン **VS** ヴェロキラプトル

オルニトミムス **VS** ミクロラプトル

アルゼンチノサウルス

地球史上最長・最重の大恐竜

全長	**36**m
体重	**75**t

分類	竜盤類竜脚形類 ティタノサウルス類	化石	サイズ
食性	植物食		
時代	三畳紀 ジュラ紀 白亜紀		

生物学的限界ギリギリの巨体

全長、体重において、世界最大級の恐竜。歩く速度は時速7〜8kmと遅いが、体の大きさらめったに肉食恐竜に襲われることはなかったようだ。生物学的な研究では、陸上で生活できる限界の大きさを持った生物とされる。

武器

巨体自体が恐ろしい武器

成長期のピーク時には1日40kgも増加したと推測される巨体。小さな恐竜にとっては、足跡も落とし穴になったようだ。

ギガノトサウルス

南アメリカの覇者

全長	**13**m
体重	**7**t

分類	竜盤類獣脚類 アロサウルス類	化石	サイズ
食性	肉食		
時代	三畳紀 ジュラ紀 白亜紀		

集団で行動する超大型の狩人

アロサウルスの仲間の、史上最大級の獣脚類の一つである。単体でも恐ろしいギガノトサウルスは、集団で狩りをしていた可能性もあり、同時代に生きていた巨大なアルゼンチノサウルスの、最大の天敵だったと考えられている。

武器

長い首を背板でガード

ギガノトサウルスはアロサウルス型の肉食恐竜で、歯には厚みがないが、薄いナイフのように肉を切り裂く能力を持っていた。

どっしりと構える史上最大の竜脚形類アルゼンチノサウルスと、南アメリカ最大の獣脚類ギガノトサウルスは、同時代を生き抜いてきたライバル同士だ。このバトルは後期白亜紀に、実際に起きていた巨大恐竜決戦の再戦である。戦場となる草原も、両者の化石が眠っているアルゼンチン・パンパの再現なのか。超重量級の戦いが、乾いた大地に重低音を響かせながら開始されようとしている。

バトル開始

1 敵の攻撃が届かない位置に

長い睨み合いの膠着状態に業を煮やしたアルゼンチノサウルスが長い尾を振り回した。一撃必殺の攻撃だ。しかしギガノトサウルスは尾をかわし、敵の下腹に噛みついた。

2 反撃で尻尾を複雑骨折するが……

しかし、獣脚類の中途半端な攻撃は、巨竜の逆鱗に触れただけだった。アルゼンチノサウルスは、下腹に噛みつき続けるギガノトサウルスの尻尾を踏みつけた。

クライマックス

3
噛みつき攻撃の持久戦

尻尾が骨折するのもこらえ、ギガノトサウルスは腹の下の攻撃に徹した。そして何度も噛みつき、やがて腹を食い破る！　巨竜は音を立てて倒れたのだった。

キラーアタック!!
執拗な噛みつき

インファイトの位置からの噛みつき攻撃に、小回りの利かない巨竜は手も足も出なかった。

勝者　青コーナー
ギガノトサウルス

恐竜最大サイズのアルゼンチノサウルスだが、ギガノトサウルスが見事に倒した。スキルやパワーではなく、インファイトの連続噛みつきで、巨大戦艦のような敵を見事撃破した。

ティラノティタン

南米の恐るべき巨大獣脚類

全長	**13**m
体重	**7**t

分類	竜盤類獣脚類 アロサウルス類
食性	肉食
時代	三畳紀　ジュラ紀　白亜紀

化石

サイズ

南米生態系の頂点の一種

ティラノとは名が付くが、アロサウルス系統のギガノトサウルスの近縁種である。体長はギガノトサウルスとほぼ同じで、肉食恐竜の中では最大の部類に入る。南アメリカでは、生態系の頂点にいた一種である。

武器

切り裂き型の歯

体はそこまで大きくないが横幅のないシャープな頭骨に並んだ、薄く鋭い、肉を切り裂くナイフのような歯が主力武器。

カルカロドントサウルス

北アフリカの覇者

全長	**12m**
体重	**6t**

分類	竜盤類獣脚類 アロサウルス類
食性	肉食
時代	三畳紀 ジュラ紀 白亜紀

化石

サイズ

アフリカ大陸の肉食王

アフリカではスピノサウルス類に次ぐ大きさの肉食恐竜だ。北米のティラノサウルスは小型の獲物を捕食していたが、カルカロドントサウルスは、自分より大きな獲物を襲撃し、失血死させる狩りを行っていたとの説がある。

武器

古代サメ的鋸歯

最大の武器はサメのような薄く鋭い歯だ。走行速度も最高時速30kmに達する優秀なハンターで、素早い獲物も逃がさない。

055

荒野で対峙する２匹の肉食恐竜。ティラノティタン、カルカロドントサウルスの両者の、顎に並んだナイフのような歯は、強力な破壊力を持っている。この巨大肉食恐竜対決は、最強を決めるだけの勝負ではない。２匹の飽くなき食欲を満たすための戦いでもあるのだ。それだけに命を懸けた大勝負になるのは、お互いに分かっているのだろう。両者は開戦を静かに待ち続けた。

バトル開始

1 開始間もなく、大流血戦へ！

いきなり眼前の間合いまで猛ダッシュした両者は、相手の攻撃も避けず噛み合いを始めた。お互いにとって目の前にいるのはエサにしか過ぎない。２匹は瞬く間に流血する！

2 お互いに深いダメージを負うが……

ナイフの歯を持つ巨竜同士の噛み合いは壮絶だ。背中の肉が裂けたティラノティタンは、噛みながら頭を振り、カルカロドントサウルスの片腕をもぎ取った！

3

クライマックス

敗者は相手の餌食になってしまう

だが、先に昏倒したのは出血量が多いティラノティタンだ。それでも狂気に駆られ敵をかもうとあがく。カルカロドントサウルスは、お構いなしに、餌食となった敵をむさぼり始める。

キラーアタック!!
流血戦法が狙い

相手の失血死を狙った攻撃法が両者の得意技。大量出血させたカルカロドントサウルスが勝者となった。

勝者　青コーナー
カルカロドントサウルス

たくさんの血が流れた巨大肉食恐竜決戦の明暗を分けたのは、相手への攻撃箇所だ。ティラノティタンの背中の肉を噛み切り、大流血させたカルカロドントサウルスの狙いが功を奏した。

アジアの奇怪なカギ爪

テリジノサウルス

全長	**10**m
体重	**5**t

分類	竜盤類獣脚類 テリジノサウルス類
食性	植物食
時代	三畳紀　ジュラ紀　白亜紀

化石

サイズ

ずんぐりした体に超大型の爪が光る

獣脚類だが、原始的な状態からいち早く植物食に適応していたのがテリジノサウルス類で、顎はクチバシのような形をしていた。両手の長大な爪の用途は、土掘り用から、魚獲り用まで、さまざまな説がある。

武器

超巨大なカギ爪

3.5 mの長い腕に、70cm以上の長い爪を持つ。全長9.5 mのボディと合計4mを超えるリーチは、史上屈指の攻撃エリアだ。

デイノケイルス

ロングリーチの巨大爪剣術使い

全長	**11** m
体重	**5** t

分類	竜盤類獣脚類 オルニトミムス類
食性	雑食
時代	三畳紀 ジュラ紀 白亜紀

化石

サイズ

リーチ差を活かした防衛戦術

オルニトミムス類では最大の種類で、長い腕と、3本の爪を持つ。発見された化石から胃石と思われる小さな石が見つかり、主として植物食性であったと推定される。爪は樹皮をはがしたり、敵に襲われたときの防衛用だった。

武器

大型カギ爪が武器

デイノケイルスの腕は約2.5m。先に25cmの爪が付いていた。そのリーチの長さに、肉食恐竜は、簡単に接近できなかったろう。

巨大な爪を持ったリーチの長い獣脚類同士の対戦である。カマのような長い爪のテリジノサウルス、長い腕の先にがっしりした爪を持ったデイノケイルス。戦闘用ではないにせよ、両者とも、爪を護身にも使っていたと推測されている。2匹のロングリーチ対決の明暗を分ける鍵は、爪の切れ味なのか、はたまたそれを振るう腕力か。まるで剣の達人同士のような斬撃戦となるか!?

バトル開始

1 カギ爪の居合抜きで先制

先制したのはテリジノサウルス。長い爪を袈裟斬りにデイノケイルスに振り下ろした。だが相手も同じ瞬間に、斜め下から切り上げた。爪剣の達人同士の戦いである。

2 巨大爪のチャンバラが始まった

間合いギリギリの距離から、攻撃し合う両者。これは引っ掻き合いではなく、切り合いなのだ! 壮絶な交戦が続くと、やがてお互いの上半身は出血が多くなってきた。

クライ
マックス

3

心が折れたデイノケイルスが敗走

爪の長さに勝るテリジノサウルスは、アウトレンジ攻撃で、敵により深手を負わせていた。ついにデイノケイルスは戦意を喪失。足をひきずって逃走するのだった。

キラーアタック!!
爪の斬撃

テリジノサウルスの決め技は、長大な爪での切りつけ攻撃。肉食恐竜も一目置いた護身術だ。

勝者 **赤コーナー**
テリジノサウルス

正面から引っ掻きあった両者。リーチが関係のない、近い間合いに入ってしまえば、デイノケイルスにも勝機があったかもしれないが、引かずに戦った結果、テリジノサウルスに軍配が上がった。

イグアノドン

おだやかな顔には似合わないスパイク

| 全長 | 8m |
| 体重 | 3.2t |

分類	鳥盤類鳥脚類 イグアノドン類
食性	植物食
時代	三畳紀 ジュラ紀 白亜紀

化石

サイズ

群れで植物を食べて生活

世界で2番目に名前が付けられた古くから研究されている恐竜。群れで生活する植物食で、顎を左右に動かし、硬い葉の植物などを上手に噛んで食べていた。大人は四足歩行だが、子どもは二足歩行で歩いた。

武器

隠し持つスパイク

前足親指には鋭いスパイクを持つ。用途は不明だが、武器には十分な形状だ。武器か、植物を食べるための道具と思われる。

パラサウロロフス

大音量で威嚇する轟音恐竜

全長	**7.5** m	
体重	**2.6** t	

分類	鳥盤類鳥脚類 ハドロサウルス類
食性	植物食
時代	三畳紀　ジュラ紀　白亜紀

化石

サイズ

大音量を出すトサカ頭

鼻から延びるトサカの形をした頭部を持つ植物食恐竜。鼻から空気をとりこみ、トサカからは大音量を出した。歯ははさみのような鋭い部分と、平面な部分があって、植物を刻んだり潰したりして食べた。

武器

派手なトサカで攻撃

派手な色のトサカはメスや仲間に見せびらかしたり、敵を威嚇するために使われた。内側は空洞で空気を響かせて音を出した。

普段は攻撃的でなく、肉食恐竜の餌食になっていたと思われている植物食恐竜同士の対決である。ただし、両者とも天敵に襲われても、おとなしくエサになったわけではない。そのとき、2匹は、どんな実力を発揮したのだろうか。イグアノドンのスパイク状親指、パラサウロロフスのトサカの共鳴器。これら独特の特徴を活かして常識を覆し、眠れる獅子同士の戦いが始まろうとしている。

バトル開始

1 イグアノドンが、スパイクの親指で先制!?

突然、立ち上がったイグアノドンが二足歩行で急接近。四足歩行のパラサウロロフスの背中にのしかかった。親指のスパイクに全体重を載せ、突き刺そうというのだ！

2 重低音サウンドで威嚇

バックを取られたパラサウロロフスは、トサカの共鳴器を使った大きなホルンのような重低音で威嚇。至近距離で咆哮を聞いたイグアノドンは、棒立ちになってしまう！

クライマックス 3

隙をついたタックルで押し倒す

そのチャンスに、パラサウロロフスは体当たりを敢行。イグアノドンは押し倒され、恐らく骨折もしたのだろう。もがきながら、戦闘不能に陥ってしまった。

キラーアタック!!
恐ろしい重低音

パラサウロロフスが出す大音量は、遠くまで響く重低音サウンド。近くで聞かされたら身がすくむはずだ。

勝者　青コーナー
パラサウロロフス

お互いに植物食なので敵を襲う必要はないが、窮鼠猫をかむ場面では肉食恐竜もたじろぐ攻撃手段を持っていた。接戦ではあったものの、この戦いは大音量を出すパラサウロロフスが勝った。

プテラノドン

白亜紀の撃墜王

翼開長 **6m**

体重 **不明**

分類	翼竜類
食性	肉食（魚食）
時代	三畳紀　ジュラ紀　白亜紀

化石

サイズ

優れた飛行能力を持つ翼竜類

後頭部に大きなトサカを持つ、飛行可能な大型翼竜類である。海岸の崖に吹く上昇気流を使って滑空し、陸地から100km離れた海上まで飛ぶことができた。体には、現生の海鳥のような、白色の体毛があったと考えられている。

高性能グライダー

最長1.8mもある頭の大きなトサカは、飛行中の舵とりやメスへのアピールなど、さまざまな用途に使われていたと考えられている。

水と陸で猛威を奮った巨大竜

ケツァルコアトルス

翼開長 **10m**

体重 **260kg**

分類	翼竜類
食性	肉食（小動物、魚食）
時代	三畳紀　ジュラ紀　白亜紀

化石

サイズ

巨大すぎるジャンボ翼竜

地球史上、最大級の飛翔動物で、恐竜時代の末期に登場した「最後の翼竜」である。翼を広げると、セスナ機並みの10mもあった。地上では四足歩行をしていたことが分かっており、そのときの体高は原生動物のキリンと同等だ。

武器

長槍のようなクチバシ

長い首と巨大な頭部が特徴。歯のないクチバシで魚を捕食、あるいは地上で小動物をついばんでいたとの説がある。

巧みな飛行テクニックを使い、はるか彼方の海上まで飛んだプテラノドンと、現代の航空機並みの大きさを持つケツァルコアトルスは、ともに太古の空の覇者である。長いクチバシ、鋭い爪、力強い翼を駆使する、この空戦は、空のチャンピオン対決なのだ。戦場となる岩場から、海風の強い上昇気流を使って海面へと飛び立っていった2匹は、どんな空中戦を展開するのだろうか。

バトル開始

1 背後からのクチバシ攻撃で開戦！

空中でお互いを発見した両者。先手を打ったプテラノドンは気流をとらえ上昇。そのまま急降下しながら、背後からケツァルコアトルスにクチバシで攻撃を仕掛けた！

2 翼のチョップが炸裂！

体勢を崩し、海面3mまで落下するケツァルコアトルス。そこを追撃したプテラノドンだが、翼開長10mのケツァルコアトルスの巨大な翼に叩かれて、プテラノドンは海に落ちる。

クライマックス

3 海に落ちたら最後!

海でもがくプテラノドン。ここで海中より舌なめずりしながら対決を見守っていた、エラスモサウルスが乱入してプテラノドンを捕食。

キラーアタック!!
巨大翼による打撃

翼竜の飛行術は滑空。ケツァルコアトルスの巨大な翼にはたき落とされ、簡単にバランスをうしなってしまう。

勝者 青コーナー

ケツァルコアトルス

開幕は、気流をとらえたプテラノドンが主導権を握った。しかし大きな翼の一撃で、ケツァルコアトルスが勝利を掴んだ。エラスモサウルスの乱入がなくても、海に落ちたプテラノドンは負けていただろう。

069

白亜紀の頭脳王

トロオドン

全長 **2.5** m
体重 **35** kg

分類	竜盤類獣脚類 トロオドン類
食性	雑食（諸説あり）
時代	三畳紀 ジュラ紀 白亜紀

化石

サイズ

生態系上位の頭脳派ハンター

後ろ足の人差し指に大きなカギ爪があり、自由に出し入れが可能だった。立体視可能な発達した目も恐竜としては珍しい。一説では、木の葉、種子、昆虫など季節に応じてさまざまなものを食べていたらしい。

武器

賢さが最大の武器

スリムで軽量な体の大きさに対して、大きい脳容量を持っているトロオドンは、もっとも賢い恐竜だと考えられている。

ヴェロキラプトル

脅威の攻撃力を持つ狩人

全長	**2.5m**
体重	**25kg**

分類	竜盤類獣脚類
	ドロマエオサウルス類
食性	肉食
時代	三畳紀 ジュラ紀 白亜紀

化石

サイズ

カギ爪と高速攻撃の小型ハンター

小型の肉食恐竜で、恐竜としては極めて高度な知能を持っていたと考えられている。腰高は50cmほどしかないが、強靭な脚力をそなえており足が速かった。後ろ足には鋭い爪があり、高い攻撃力を誇る恐ろしいハンターである。

武器

カギ爪も強力な武器

小柄だが、高い運動能力と鋭い歯、大きなカギ爪は、生態系で恐ろしい存在だった。カギ爪は獲物を刺し貫く強力な武器だ。

071

両者とも、後ろ足に備えた強力なカギ爪を見てもわかるように、ハンターとして実力は折り紙付きである。そして同時に、高い知能を持っていたことでも知られるインテリ恐竜同士の対決だ。同じ武器、得意技を使う種族が戦ったらどうなるのか。勝負を決めるのは、どんな要因なのか。木々が茂る森林のステージでは、凶暴な戦いだけではなく、高度な頭脳戦も要求されそうだ。

バトル開始

1 序盤はお互いに実力を品定め

距離を置いて対峙する2匹は、睨み合いのまま動かない。敵の危険さを、本能で察知しているのだ。ヴェロキラプトルがカギ爪をコツコツと鳴らす音だけが森に響く。

2 持久戦で辺りは薄暗くなっていく

緊張の睨み合いのまま、3時間が経過。日が陰り、森の中もだいぶ暗くなってきた。そのとき、夜行性のヴェロキラプトルが、カギ爪を振って、相手に飛びかかった！

クライマックス

3

最初の一撃を見切った視力

その一撃を見切ったトロオドンは、冷静にかわし、着地したヴェロキラプトルにカギ爪を突き立てた！ 明暗を分けたのは、トロオドンの冷静な判断力だった。

キラーアタック!!
冷徹無比の迎撃殺法

トロオドンは、肉食恐竜のなかでも優秀な視力を持つ。狩りでは欠かすことのできない能力である。

勝者　赤コーナー
トロオドン

両者とも積極的攻撃に出るかと思われたが、相手の観察から開始。さすがインテリ対決。そのなかで、自分の有利な時間帯に持ち込もうとしたトロオドンの頭脳作戦が勝敗を決めた。

高速のスピードランナー

オルニトミムス

| 全長 | 3.5m |
| 体重 | 350kg |

分類	竜盤類獣脚類 オルニトミモサウルス類
食性	雑食
時代	三畳紀　ジュラ紀　白亜紀

化石

サイズ

天敵から逃げ切る高速性能

長い首、しなやかな足など、体の構造が現生のダチョウに似ており、恐竜界最速級の走力を有していたと考えられている。翼を持っていたと推測されるが、飛ぶためではなく、求愛のためだったようだ。

武器

サスペンションを持つ足

足には、高速で走るための衝撃吸収構造が備わっていた。また獣脚類だが歯がなく、クチバシ状で、植物食だったとの説もある。

ミクロラプトル

4枚翼のエアレーサー

全長	**70**cm	
体重	**0.6**kg	

分類　竜盤類獣脚類
ドロマエオサウルス類

食性　肉食

時代　三畳紀　ジュラ紀　白亜紀

化石

サイズ

恐竜界のパイロット

後ろ足にも発達した翼を持った4枚翼の小型獣脚類である。グライダーのように滑空するだけでなく、鳥のように羽ばたいて実際に飛行したと推測されている。足には、木登りに適した、カーブしたカギ爪を持っていた。

武器

飛行能力でサバイバル

森林を滑空する飛行能力が最大の特徴。小柄ながらも"小さい泥棒"と称される俊敏さで、白亜紀の弱肉強食を生き抜いた。

オルニトミムスとミクロラプトルの一戦は、恐竜界におけるスピード対決の最高峰といえるかもしれない。猛スピードでの走行が得意で、ダチョウ竜と呼ばれる前者に対して、飛翔する能力を持つ後者。陸のランナー vs 空のパイロットの、スピードスター対決なのである。森林地帯を対戦ステージにした両者の戦いは、5倍近い体格差はあるものの、それぞれの特徴を活かした興味深いものになるはずだ。

バトル開始

1 静かに接近する滑空攻撃の威力

地上のオルニトミムスの注意がそれたのを見計らい、ミクロラプトルが音もなく滑空。敵の片目をカギ爪で引き裂いた！体格差を埋める奇襲戦法だ。

2 滑空による奇襲戦法

眼球を傷つけられてもがくオルニトミムス。ミクロラプトルはその隙に、爪を使って素早く、樹上へと登る。第2撃も同じ戦法だ。そして再び滑空を開始！

クライマックス

3

蹴撃が必殺の決まり手となった

しかし、オルニトミムスは木をよけながら疾走、攻撃をかわした。そして急いで木へ向かうミクロラプトルを追い、小さな敵を全力で蹴り飛ばして勝利するのだった。

キラーアタック!!
脅威の脚力が武器

オルニトミムスの長所は恐竜界最速級のスピードを叩き出す脚力。これを転じれば強力武器になる。

勝者 **赤コーナー**

オルニトミムス

立ち並ぶ木々の影響で、直線での加速性能を封じられたオルニトミムスが不利と思われたが、飛翔を得意とするミクロラプトルの再攻撃準備までのタイムラグが勝敗を分ける形となった。

日本恐竜化石MAP

アメリカやモンゴルと比べて中生代の地層面積が狭い日本だが、18の道県で次々と化石が発掘されている。そんな日本で見つかっている恐竜化石の一部と発掘場所を紹介。

❶ 日本初の恐竜化石！

1934年にサハリン（樺太、当時日本領）で発見されたニッポノサウルスが、日本初の恐竜化石。岩手県のモシリュウよりも44年も前に見つかっている。

所蔵：北海道大学総合博物館
写真：オフィス ジオパレオント

⑬ トバリュウの
右大腿骨の化石

1996年、4人のアマチュア化石研究家が化石の一部を発見。2000年までに尾椎、脛骨、左右の上腕骨、左右の大腿骨など12個の骨が確認されている。

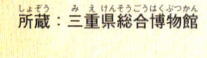

所蔵：三重県総合博物館

出典：『世界に誇る！ 恐竜王国 日本』（宝島社）

産出地と発掘化石

① 旧 日本 領 南 樺太（後期白亜紀）
ニッポノサウルス

② 北海道夕張市（後期白亜紀）
鎧 竜 類など

③ 北海道中川町（後期白亜紀）
テリジノサウルス類など

④ 北海道むかわ町（後期白亜紀）
ハドロサウルス類など

⑤ 岩手県久慈市（後期白亜紀）
ティタノサウルス類、コエルロサウルス類など

⑥ 岩手県岩 泉 町 茂師（前期白亜紀）
モシリュウなど

⑦ 福島県いわき市（後期白亜紀）
フタバスズキリュウなど

⑧ 群馬県神流町（前期白亜紀）
スピノサウルス類など

⑨ 富山県富山市（前期白亜紀）
アンキロサウルス類など

⑩ 石川県白山市桑島・目附谷（前期白亜紀）
モンチリクタス・クワジマエンシスなど

⑪ 福井県勝山市・大野市（前期白亜紀）
フクイラプトル・キタダニエンシスなど

⑫ 岐阜県高山市 荘 川町・大野郡白川村
（前期白亜紀）**イグアノドン（推定）など**

⑬ 三重県鳥羽市（前期白亜紀）
トバリュウなど

⑭ 兵 庫県丹波市（前期白亜紀）
タンバティタニスなど

⑮ 兵 庫県洲本市（後期白亜紀）
ハドロサウルス科など

⑯ 徳島県勝浦町（前期白亜紀）
イグアノドン類など

⑰ 福岡県北 九 州 市・宮若市（前期白亜紀）
アドクス属など

⑱ 熊本県上益城郡御船町（後期白亜紀）
ミフネリュウなど

⑲ 熊本県天草市御所浦町（後期白亜紀）
獣 脚 類など

⑳ 長崎県長崎市野母崎町（後期白亜紀）
ハドロサウルス類など

㉑ 鹿児島県薩摩川内市 甑 島列島（後期白亜紀）
ケラトプス類など

④ 注目度が高い「むかわ竜」

1 m

写真：むかわ町穂別博物館

2003 年に現・むかわ町穂別にて発見
された約 7200 万年前のハドロサウル
ス科の恐竜化石。全長 8 m以上で、こ
の恐竜が新種の場合は新たな学名が付
けられることになる。通称「むかわ竜」
と呼ばれて国内外から注目されている。

白銀の重戦車

ホッキョクグマ

現生
生物代表

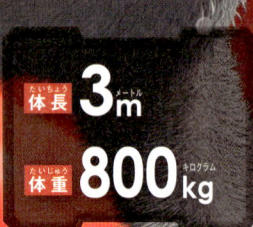

体長 **3** m
体重 **800** kg

		化石	サイズ
分類	哺乳類食肉類 クマ類		
食性	肉食		
時代	現在		

寒冷地仕様のハンター

北極に生息する世界一巨大なクマ。厚い脂肪と、内部に空洞がある体毛に包まれ、寒冷な北極に適応した体になっている。鋭敏な嗅覚を持っており、数km先のアザラシのにおいをかぎ分けることができる。強靭な前足が武器だ。

武器

雪上でも高速走行

肉球を除いた足の裏には、毛がびっしりと生えており、防寒だけでなく、雪上を走るための滑り止めの役にたっている。

スミロドン

戦慄サーベルタイガー

体長 2m（メートル）

体重 400kg（キログラム）

分類	哺乳類食肉類 ネコ類
食性	肉食
時代	新生代第四紀

化石

サイズ

上顎の長剣

サーベルのような犬歯を持った大型ネコ類。首から頭部にかけての筋肉が発達しており、牙を獲物ののど元や腹に突き刺し、失血死させ仕留めていた。同一場所から複数の化石が発見されたため、群れで暮らしたと推測されている。

武器

おそろしい牙の形状

後方に反りかえった牙は前後がノコギリのようになっており、獲物に突き刺して肉を切り裂くのに使われた。

北極の対戦ステージで、現生哺乳類最強種のひとつホッキョクグマと、更新世の哺乳類の王者スミロドンの対決が行われようとしている。体格的には全長約2mのスミロドンが、約3mのホッキョクグマよりも劣る。だがスミロドンの強靭な筋肉は、決して負けないパワーと瞬発力を秘めている。サーベルを思わせる破壊力抜群の犬歯に、ホッキョクグマはどう対処するのかが見ものだ。

バトル開始

1 序盤から大流血戦

威嚇のために立ち上がったホッキョクグマ。その首めがけ、四足歩行のスミロドンがジャンプして噛みついた。ホッキョクグマの白い毛皮が鮮血に染まった！

2 もみ合ったまま海中戦に

隙を突かれたホッキョクグマは敵を引き離そうと大暴れ。だが千載一遇のチャンスを逃すわけにはいかないスミロドンも離れない。2匹はもつれたまま極寒の海に落下！

クライマックス

3

水中はホッキョクグマの独壇場

氷河時代に生きたとはいえ、極寒の海中に慣れていないスミロドンは手も足も出ない。ホッキョクグマは浮上しようとする相手を押さえ込み、水中で決着をつけた！

キラーアタック!!
水陸両用の実力

ホッキョクグマは高い遊泳能力を持っている。海に落下したのがスミロドンの運の尽きだった。

勝者　赤コーナー

ホッキョクグマ

氷上ならスミロドンにも勝機があったが、水中戦に持ち込まれては、サーベルも使い道がない。偶然にも対戦ステージの地の利を活かしたホッキョクグマが哺乳類最強の王者となった。

重量（じゅうりょう）部門（ぶもん）

ボクシングなど格闘技（かくとうぎ）は体重（たいじゅう）で階級（かいきゅう）が分（わ）かれているように、重（おも）さと強（つよ）さは関係（かんけい）がある。ここではそんな恐竜（きょうりゅう）の重（おも）さを紹介（しょうかい）。

1　50t　アルゼンチノサウルス

もっとも体長（たいちょう）が長（なが）い恐竜（きょうりゅう）は、重（おも）さも最大（さいだい）。アフリカゾウ5頭分（とうぶん）もの重（おも）さがあったので、肉食（にくしょく）恐竜（きょうりゅう）も迂闊（うかつ）には手出（てだ）しできなかった。

2　10t　トリケラトプス

巨大（きょだい）な角（つの）とフリルが特徴的（とくちょうてき）な白亜紀後期（はくあきこうき）の恐竜（きょうりゅう）。約（やく）7.5tのアフリカゾウよりも重（おも）く、角（つの）は1m（メートル）まで成長（せいちょう）する。ちなみにアフリカゾウの象牙（ぞうげ）は3m（メートル）以上（いじょう）伸（の）びるという。

3　5t　マプサウルス

全長（ぜんちょう）11.5m（メートル）と、12m（メートル）のティラノサウルスにせまる大（おお）きさの肉食竜（にくしょくりゅう）だが、体（からだ）はスリムでさほど重（おも）くない。しかし2tのクロサイ2.5頭分（とうぶん）と、一般的（いっぱんてき）な哺乳類（ほにゅうるい）よりも遥（はる）かに重（おも）い。

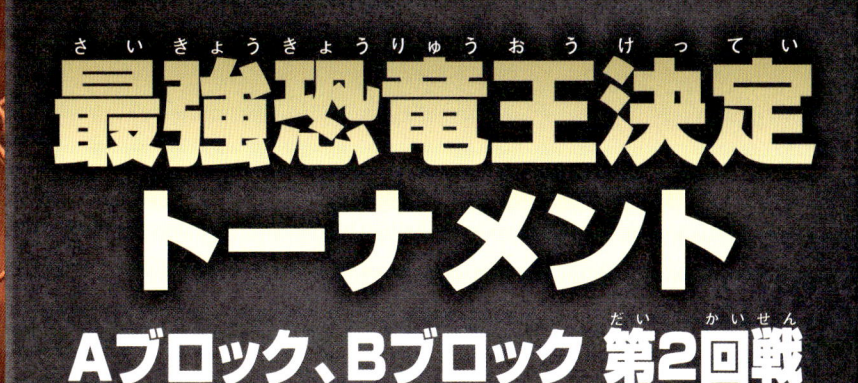

最強恐竜王決定トーナメント

Aブロック、Bブロック 第2回戦

ティラノサウルス	VS	ステゴサウルス
デイノニクス	VS	パキケファロサウルス
アロサウルス	VS	サイカニア
トリケラトプス	VS	タンバティタニス
ギガノトサウルス	VS	カルカロドントサウルス
テリジノサウルス	VS	パラサウロロフス
ケツァルコアトルス	VS	トロオドン
オルニトミムス	VS	スピノサウルス

ティラノサウルス

すべてを噛み砕く白亜紀の王

全長	12m
体重	6t

分類	竜盤類獣脚類 ティラノサウルス類
食性	肉食
時代	三畳紀 ジュラ紀 白亜紀

化石

サイズ

肉体と知能に優れた殺戮マシーン

地球史上最大級の肉食恐竜で、また最強の生物であったと考えられている。その最大の特徴は、約1.5mにも及ぶ巨大な頭骨。顎には分厚く大きい歯が並び、咬合力は最大3.5tに達したと推定される。

武器

史上最強の顎

顎の力の強さは、ジュラ紀最強のアロサウルスの6倍。ティラノサウルスは、獲物を骨ごと噛み砕いて捕食したと推察される。

ステゴサウルス

相手を威嚇する紅の背中

全長	6.5m
体重	3.5t

分類・データ

分類	鳥盤類剣竜類
食性	植物食
時代	三畳紀 ジュラ紀 白亜紀

化石

サイズ

前回の戦い　vsミラガイア

ミラガイアは、尾のスパイクで奇襲攻撃をかけたが、ステゴサウルスは喉を守る小さな骨で完全防御。たじろいだミラガイアに、1t以上の体重差のある強烈なタックルを仕掛けた。吹き飛ばされたミラガイアは、長い首を骨折し、重傷を負った。

P016

1回戦を勝ち抜いて士気の上がるステゴサウルスの前に、肉食恐竜の王・ティラノサウルスがシード恐竜として登場する。ステゴサウルスとしては、尻尾のスパイクで撃退したいところだ。対戦ステージの荒野は、逃げも隠れもできない見晴らしのいい場所だけに、ステゴサウルスは何の小細工もできず、自分の一撃にかけるしかない。

バトル開始

1 焦りを隠せずに威嚇

必死に背板を赤くし、威嚇するステゴサウルス。だがティラノサウルスは意に介さず、にじり寄っていく。焦りを隠せないステゴサウルスは、思わず先に仕掛けた。

2 朱に染まる背板

振り回した尻尾の攻撃も、ティラノサウルスには効果なし。おかまいなしで相手に近づき、強力な顎で背中の板を雑作なく食い破り、真っ赤な血を噴出させた！

クライマックス

3 **2撃目でとどめを刺される**

ティラノサウルスはステゴサウルスの頭部に喰らいついた。身動きが取れない相手にとどめを刺すべく、ついには喉を守る骨とともに頭骨を噛み砕いた。

キラーアタック!!
伝家の宝刀の噛みつき

強力な顎の力で噛みつき、頸椎へのダメージや窒息を狙うのは、現生の肉食獣と同様の狩猟法だ。

勝者 **赤コーナー**

ティラノサウルス

相手は1回戦を勝ち上がってきたステゴサウルスだが、ティラノサウルスにとっては順当な「狩り」に過ぎない。落ちついた戦法で、いつも通りに、獲物にとどめを刺した。

チームワークで狩りをするデイノニクスと、頭突き攻撃のパキケファロサウルスの一戦だ。パキケファロサウルスは、敵に密着してから、頭で押し出す馬力を活かした攻撃が最大の得意技。対戦ステージの川辺でも、十分に威力を発揮するはずだ。強力な突進力を、デイノニクスの連携作戦が、どう攻略するのか。1対4のハンディキャップマッチがスタート！

バトル開始

1 不意を突く攻撃で1匹をはじき飛ばす

パキケファロサウルスがダッシュでデイノニクスに急接近。近距離から頭突きで、1匹をはじき飛ばした。敵が連携行動をとる前に、奇襲攻撃を仕掛けた。

2 連携作戦を崩すことに成功

パキケファロサウルスはもう1匹も頭突きでふっ飛ばす。開始直後にフォーメーションが崩れたデイノニクスは、チームワークを発揮できず右往左往！

090

クライマックス

3 ようやく4匹がかりの噛みつきが炸裂

残ったデイノニクスは同時攻撃で飛びつき、パキケファロサウルスの足止めに成功！　先にやられた2匹も復帰して4匹がかりの噛みつきで、ようやく難敵を始末した。

キラーアタック!!
強固なチームワーク

4匹同時の噛みつき攻撃が、デイノニクスの勝因。鋭いナイフのような歯で敵を切り裂いた！

勝者　赤コーナー

デイノニクス

連携前の奇襲に泡を食ったデイノニクスだが、パキケファロサウルスを足止めし、得意の頭突きを封じることに成功。チームでの噛みつきで勝利をものにした。

俊敏な動きで狩りをするアロサウルスと、鋭いトゲの装甲を持ったサイカニアの対戦ステージは岩場だ。肉を切り裂く歯を持ったアロサウルスが、この重厚な鎧をどう攻略していくかがポイントだろう。少しでも油断を見せれば、サイカニアの尻尾の分銅が飛んでくる。凶暴な肉食恐竜と温厚な植物食恐竜に、性格の違いはあっても戦闘能力の差は大きくはない。

バトル開始

1 重いハンマーが足にヒット

サイカニアが、アロサウルスに背を向けて、重い尻尾を左右に振り回す。けん制程度の攻撃だが、ヒットしたアロサウルスの足にはダメージが蓄積する。

2 トゲの防御に困惑

アロサウルスは尻尾の攻撃を足で受け止めつつ、距離を縮める。武器のひとつである腕で押さえつけ、首筋に噛みつこうとするが、トゲの鎧が邪魔で歯が通らない！

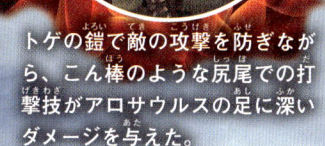

トゲの鎧で敵の攻撃を防ぎながら、こん棒のような尻尾での打撃技がアロサウルスの足に深いダメージを与えた。

堅固な敵に試合放棄

接近戦となっても、尻尾の攻撃を止めないサイカニア。アロサウルスは堅固な敵にいら立ちをみせ、戦いを放棄して立ち去っていった。肉食恐竜は難儀な食材に興味を失ってしまったのだ。

勝者　青コーナー

サイカニア

サイカニアが自慢の鎧で、アロサウルスの必殺噛みつき攻撃を徹底防御。尻尾攻撃に耐えたアロサウルスだったが、あまりにも堅牢な敵に試合を放棄した。

トリケラトプスの約1mもの巨大角は、助走距離が短くても強力な突進攻撃を可能にする。一方、約5mの尻尾をムチのように使うタンバティタニスは、肉食恐竜も一目置く存在。対戦ステージは見晴らしのよい草原だが、両者が自らの武器を存分に使える絶好のロケーションだろう。2匹とも防御力には特筆すべき点がないため、どちらが先制攻撃するかがポイント！

バトル開始

1 短距離の角ダッシュ

先制攻撃を狙ったタンバティタニスは、尻尾で攻撃しようと相手に背を向けた。だがその瞬間、トリケラトプスは角で相手をロックオン！ 近距離から突撃を敢行！

2 鋭い角が突き刺さる

タンバティタニスが、必殺の尻尾を振るよりも速く、トリケラトプスの角が後ろ足に深く刺さった！ 大ダメージを受けたタンバティタニスは、悲痛な叫び声をあげるしかなかった。

クライマックス

3

再度の角攻撃で戦闘不能に

トリケラトプスはいったん離れ、距離を取って再突撃。2撃目は、胴体に2本の角が突き刺さった。タンバティタニスは身をよじりながら倒れ、戦闘不能となった。

キラーアタック!!
長大な角

トリケラトプスの長い角を使った攻撃は、タンバティタニスの内臓まで届き、致命傷を与えた。

勝者　赤コーナー
トリケラトプス

タンバティタニスが尻尾を使うには、体を半回転させないといけない。その隙を突いたトリケラトプスの突進が勝敗を分けた。戦闘中に敵に背を向ける攻撃は、リスクを伴う。

全長 13 mのギガノトサウルス vs 全長 12 mのカルカロドントサウルスの一戦は、最大の肉食恐竜決定戦でもある。肉を切り裂く鋭い歯を武器とする両者。一瞬の油断が命取りになってしまうだろう。果たして勝者はどちらか。そして、どちらが無残にエサになってしまうのか。対戦ステージ・荒野で、血闘のゴングが打ち鳴らされる！

バトル開始

1 しびれを切らし体当たり

似た背格好の対戦相手を見て、お互いの実力を一目で感じ取った両者は、警戒しながらにらみ合った。そのとき、しびれを切らしたカルカロドントサウルスがタックルをくり出す！

2 噛みつきを警戒しクリンチ

ギガノトサウルスはタックルの衝撃でのけ反るが、相手が噛みつける距離を埋めるため、体を密着させた。お互いに噛みつけない両者は、クリンチ状態で胴体を切り裂き合う。

3 強烈な首筋への攻撃

体重で勝るギガノトサウルスが密着する相手を力で押し返し、均衡を破る。噛み付くスペースができると、ギガノトサウルスは敵の首に噛みつく。肉を切り裂かれたカルカロドントサウルスは、首と胴体が分離した。

クライマックス

キラーアタック!!
残虐な首噛み

ギガノトサウルスの鋭い歯が、敵の首筋に食い込み、筋肉と腱をギロチンのように分断した!

勝者　赤コーナー
ギガノトサウルス

体格や戦闘法が似ていれば、僅差が勝敗の明暗を分ける。ギガノトサウルスの勝因は、1tほどの体重差がもたらすパワーだった。これで相手のタックルを見事に受け止めた。

森林の対戦ステージで開始されるのは、全長9.5mのテリジノサウルスvs7.5mのパラサウロロフスの、大型植物食恐竜対決だ。同じ植物食性だが、2匹の得意技は全く違う。テリジノサウルスの1mもの長さのカギ爪と、パラサウロロフスの共鳴器のトサカを使った大音量攻撃が、どのようなせめぎ合いを見せるのか。

バトル開始

1
爪の引っ掻きで先攻

戦闘開始を待っていたかのように、猛り狂ったテリジノサウルスが一気に歩を詰め、長い爪でパラサウロロフスに斬りかかった。その勢いにパラサウロロフスも面食らったようだ。

2
大音量攻撃が効かない！

パラサウロロフスが得意の大音量で攻撃。だが二足歩行のテリジノサウルスは、耳の位置が高いため、鼓膜の致命的な損傷を回避。相手の首元に右の爪の強力な反撃を見舞った。

クライマックス

3 顔面切り裂きに戦意喪失

連続斬撃に鼻面を切り裂かれ、パラサウロロフスは空気をとりこめず、大音量攻撃ができなくなる。なおも左右の爪でラッシュを仕掛けるテリジノサウルスの前に、攻め手を失くしたパラサウロロフスは逃走するしかなかった。

キラーアタック!!
爪の切れ味

テリジノサウルスの長大な爪が、敵の必殺武器を破壊。これが勝因になった。

勝者　赤コーナー
テリジノサウルス

戦闘方法が少ない植物食恐竜は、唯一の武器を奪われれば、逃げるか食べられるかしかない。攻め手を失ったパラサウロロフスは、「命あっての物種」と敗走した。

岩礁の対戦ステージで展開されるのは、翼竜ケツァルコアトルス vs 小型獣脚類トロオドンの、地対空の戦いである。体格的には、小型飛行機並みのケツァルコアトルスが格段に大きいが、トロオドンには、その差を埋められるだけの高い知能がある。飛行戦略の前に、地上戦力が屈するのか。あるいはどんな地上作戦が、飛行戦力を攻略するのか。

バトル開始

1 音もなく接近し空襲

ケツァルコアトルスは、身を隠すように太陽を背に空中を旋回。開けた場所にいたトロオドンに狙いをつけ、気づかれないよう、背後から音もなく降下し、滑空して後ろ足の爪で飛びかかる！

2 高い知能で作戦を組み立てる

奇襲作戦で、背中に深い傷を負ったトロオドンは、ケツァルコアトルスの動きを学習。空飛ぶ敵が降下できない岩陰のくぼみに身を隠して好機を待つ耐久作戦にでた。

クライ マックス

陸戦で翼がズタズタに

3

夕凪がおとずれると風がやみ、ケツァルコアトルスは飛行能力が低下、体格差を利用した地上戦を仕掛けようと着地。しかし着地直前の隙にトロオドンが飛びかかり、全身骨折で戦闘不能に陥った。

キラーアタック!!
耐久作戦の勝利

トロオドンの鋭い爪が着地したケツァルコアトルスの翼を破り、身動きが取れないダメージを与えた。

勝者　青コーナー
トロオドン

序盤は、空からの攻撃を行ったケツァルコアトルスが有利に戦いを進めたが、その特性を学習し、待ち伏せ作戦を使って、地上戦に持ち込んだトロオドンの知能が勝った。

オルニトミムス

高速のスピードランナー

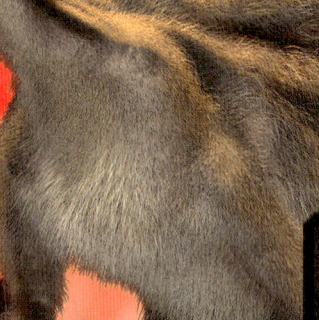

体長	**3.5** m
体重	**350** kg

分類	竜盤類獣脚類 オルニトミモサウルス類	化石		サイズ	
食性	雑食				
時代	三畳紀 ジュラ紀 白亜紀				

前回の戦い　vsミクロラプトル

オルニトミムスは、森林の戦場で直線での加速性能を封じられ、ミクロラプトルの空中からの奇襲攻撃を受けた。しかしダメージを負いながらも、巧みに第2撃を回避。再攻撃準備で木に登ろうとしたミクロラプトルを強力な脚力で蹴り倒した。

P076

スピノサウルス

河川に潜む水中の帝王

| 全長 | 15m |
| 体重 | 11t |

分類	竜盤類獣脚類 スピノサウルス類
食性	肉食（魚）
時代	三畳紀 ジュラ紀 白亜紀

化石

サイズ

超巨大な水中の悪夢

史上最大の肉食恐竜。頭部はワニを思わせる細長い形で、顎には円錐形の歯が並ぶ。背中の、脊椎の棘突起が皮膚で覆われた高さ1.8mもの帆が特徴だ。体の大きさはもとより、約2mにもおよぶ長大な頭部と顎も大きな武器だ。

水陸両用の巨竜

獣脚類としては最大級の体格が一番の武器。主に水中で暮らしていたようだが、強靭な四肢は陸上でも威力を発揮した。

103

高速ランナーのオルニトミムスと、全長 15m の肉食竜として最大級のスピノサウルスの戦いは、獣脚類対決となった。陸上では四足歩行となるスピノサウルスは、対戦相手の速度に対応できるのか。オルニトミムスは、敵の超巨体にどう対抗するのか。あまりにも違いすぎる両者の一戦は、湿地の対戦ステージで行われる。

バトル開始

1 全力の高速キック

機先を制すべく走り出したオルニトミムスが、全力の蹴りをスピノサウルスにお見舞いする。ぐらついたスピノサウルスは、素早い敵をなかなかとらえられない。

2 得意の湿地帯に後退

スピードに乗った蹴りを何度も喰らっているスピノサウルスは、高速の敵に対処する術がない。そこで、いったん湿地帯にある池に退避を試みた。

クライマックス

敵を捕獲し水中戦へ

オルニトミムスが逃がすまいと焦ったところをスピノサウルスが口で捕獲。池に引きずり込み体を引き裂いた！真っ赤に染まった水中でスピノサウルスはごちそうを堪能した。

3

キラーアタック!!
水中落とし

スピノサウルスは自分が有利な水の中に相手を引きずり込んだ。水中ではオルニトミムスに対抗策はない。

勝者 青コーナー
スピノサウルス

スピードのある攻撃に翻弄されていた序盤のスピノサウルス。しかし、スピノサウルスが地の利を活かした水中戦に移行したことで、勝機を生んだ。

昔とは全然違う！

最新科学が明かす恐竜の姿

調査が進み、恐竜の復元イラストが大きく変わることがある。近年のティラノサウルスに羽毛が描かれているのはそれが理由だ。ここでは最新科学が解明した、恐竜の姿を紹介。

恐竜には羽毛があった!?

中国の遼寧省で羽毛恐竜の化石が見つかり、多くの恐竜に羽毛があったことがわかった。特に獣脚類に羽毛を持ったものが多く、近年はティラノサウルスにも羽毛が描かれる例も珍しくない。これは、ティラノサウルス類であるユティラヌスの成体の化石に15〜20cmの羽毛の痕跡があった影響である。

ティラノサウルス自体の羽毛は発見されていないが、ユティラヌスや同じく近縁種のディロンに羽毛があったことから、羽毛があっても不思議ではないとされている。羽毛の役割は体温維持という説が有力視されており、異性へのアピールポイントとして機能していたともいわれている。

オルニトミモサウルス類、オヴォラプトロサウルス類、ドロマエオサウルス類など、比較的現在の鳥類に近い恐竜には翼が生えていた。珍しい例としてミクロラプトルは両手だけでなく、後ろ足にも翼を持ち、4枚の翼で木々の間を滑空して移動する生活を送っていたという。

ユティラヌス

学名の意味は「羽の暴君」で、羽毛そのものの化石がみつかっている恐竜ではもっとも大きい。

スピノサウルスの「帆」はなんのためにある？

スピノサウルスの特徴はふたつ。ひとつはティラノサウルスを凌ぐ巨大な体格で、もうひとつは背中の大きな「帆」だ。この帆は神経棘という各脊椎骨から上に伸びた部位が皮膚に覆われてできている。帆の働きについては不明だが、異性を惹きつけるディスプレイだったとの説もある。

スピノサウルス

スピノサウルスは歩くとき、ゴリラのような「ナックルウォーク」で前足の拳を地面につけていたとみられる。

スピノサウルスの復元化石
所蔵：飯田市美術博物館
提供：群馬県立自然史博物館

なぜテリジノサウルスは爪が長い？

"メタボ"のようにまるまると太った胴体と、小さな頭部、歯はなくクチバシを持つテリジノサウルス。一番の特徴は、長さ70cmの爪だ。この巨大な爪は、動物を切り裂く武器としてはまっすぐ過ぎて有効ではないため、その用途については長い間、議論の対象となっている。この爪で蟻塚を壊して蟻を食べていたという説や、魚をとるためのものなどいろいろな説がある。

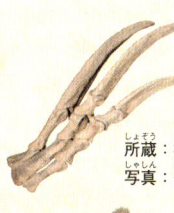

テリジノサウルス類の長い爪
所蔵：神流町恐竜センター
写真：安友康博／オフィス ジオパレオント

テリジノサウルス

太い胴体には長くて大きな胃と腸を備え、消化が難しい植物から栄養をとっていたとみられる。

噛む力 部門

植物食恐竜が肉食恐竜に及ばないものが、噛む力だ。人間の噛む力は 1000 N、アメリカアリゲーターで 3800N になる。ここでは N という単位で恐竜の噛む力を比べる。

1 — 35000 N — ティラノサウルス

全長 12.5 m のティラノサウルスは、恐竜最強の噛む力を誇る。暴れる獲物を幅の広い顎にかけると、生きたまま骨ごと噛みくだいたと思われる。

2 — 14000 N — ギガノトサウルス

全長 13 m と、ティラノサウルスよりも大きいが、噛む力は半分にも満たない。ティラノサウルスが異次元なだけで、ギガノトサウルスの噛む力も驚異的だ。

3 — 5500 N — アロサウルス

全長 12 m で、ナイフのような形の歯で切り裂くようにして獲物を噛み殺していたと思われる。そのような性質から噛む力はさほど重要ではなかったのかもしれない。

最強水中王決定トーナメント

優勝

決勝

準決勝
第1試合

準決勝
第2試合

第1回戦
第1試合

第1回戦
第2試合

リオプレウロドン

メトリオリンクス

アーケロン

タラットアルコン

フタバスズキリュウ

モササウルス

ジュラ紀の海賊
メトリオリンクス

全長 **3m**

体重 **不明**

分類	化石	サイズ
爬虫類ワニ類 メトリオリンクス類		
食性 肉食（魚食）		
時代 三畳紀 ジュラ紀 白亜紀		

獰猛な海の大鰐

ジュラ紀に海に進出したワニ類。足と尻尾は、ヒレになっているため、上陸はしなかったと考えられている。当時の海洋でもっとも大きく、獰猛だった捕食動物の一種で、ヨーロッパなど各地で化石が発見されている。

武器

猛スピードのハンター

水中で素早く魚を捕らえるのに適した細長い顎を持つ。体表は水の抵抗が少ない形で、遊泳スピードは速かったと考えられる。

アーケロン

海原を遊泳する装甲潜水艇

全長	**4m**
体重	**不明**

分類	爬虫類カメ類 アーケロン類
食性	肉食
時代	三畳紀 ジュラ紀 白亜紀

化石

サイズ

史上最大の海棲カメ類

独自の進化を遂げたカメ類で、現生のオサガメに近いグループである。史上最大の海棲カメで、軽自動車よりも大きい巨体を持ち、頭部だけでも80cmもあった。現在の北アメリカ中央部にあった浅い海で暮らしていた。

武器

強力なクチバシ

口先に、鋭く尖ったクチバシを持っており、当時、繁栄していたアンモナイト類を、硬い殻ごと噛み砕いて食べていた。

メトリオリンクスは海棲ワニ、アーケロンは巨大なウミガメである。大顎を持つメトリオリンクスが、堅固な甲羅のアーケロンを、どう攻略するのかが勝負のポイントになりそうだ。アーケロンは甲羅だけでなく、アンモナイトの殻をバリバリ噛み砕く強力なクチバシを持っているので攻撃力も低くはない。

バトル開始

1

前足の張り手を素早く回避

優雅な泳ぎで接近してきたアーケロンが、力強い前足で張り手を仕掛ける。遊泳スピードで勝るメトリオリンクスが、素早く泳いで攻撃を回避。

2

噛みつき攻撃を甲羅で完全防御

メトリオリンクスが、張り手を空振りしたアーケロンに近づき、噛みついた！ だが堅牢な甲羅は攻撃を完全防御。逆に鋭い歯が何本も折れてしまう。

クライマックス

3 恐ろしいクチバシの咬合力

アーケロンは強力なクチバシで反撃。後ろ足に噛みつかれたメトリオリンクスは激しく身をよじるが、ついには喰いちぎられてしまい不格好な泳ぎで逃走。

キラーアタック!!
スッポン噛みつき

強い咬合力を持つアーケロンのクチバシに加え、メトリオリンクスが不用意に身をよじったことで、足がちぎれる結果になった。

勝者　青コーナー
アーケロン

序盤はスピードでかく乱したメトリオリンクスだったが、敵の甲羅が硬過ぎたのが予想外。噛みついたメトリオリンクスの足を、離さなかったアーケロンの粘り勝ちである。

三畳紀前期の魚雷

タラットアルコン

全長	**8m**
体重	**不明**

分類	爬虫類魚竜類

食性	肉食（魚食）

時代	三畳紀 ジュラ紀 白亜紀

化石

サイズ

三畳紀の海中王

2013年に報告された新種。自分と同サイズの大きな水中生物もエサにしていたと考えられ、当時の海洋生態系の頂点に君臨していた。1mもある頭部に、長さ4cmもの大きな歯が並んだ顎を持っていた。

武器

高速遊泳の狩人

イルカに似た姿をしており、高速遊泳に適した体形だ。シャチのように素早く動き、強力な顎で獲物を狩っていたと推測される。

フタバスズキリュウ

水中の日本代表

全長	**7m**
体重	**不明**

分類	爬虫類 クビナガリュウ類	化石	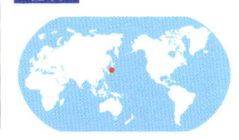	サイズ	
食性	肉食（魚食）				
時代	三畳紀 ジュラ紀 白亜紀				

古代ザメと死闘を演じた猛者

1968年に発見された日本初のクビナガリュウ。化石周辺からはサメの歯が発見されており、死亡する直前に戦っていた、あるいは死体にサメが群がっていたとの推察もあるが、真偽は謎である。

武器

長い首が秘密兵器

全長の半分を占める首の長さが最大の特徴。その長い首を水中で素早く動かし、魚や頭足類を捕食していたとされる。

115

魚竜 vs クビナガリュウが激突。タラットアルコンは、自分と同じくらいの相手でも、平気で襲い掛かり、捕食することで知られる凶暴な捕食者。遊泳スピードも速く、戦闘力に優れたタラットアルコンに対し、首のリーチ差で勝るフタバスズキリュウは、どんな戦い方を展開するのか。お互いの利点を活かした、海中のサバイバル戦争が勃発する！

バトル開始

1 隙を狙う猛スピード遊泳

イルカのように泳ぐタラットアルコンが、フタバスズキリュウのまわりを周回し、隙をうかがっている。フタバスズキリュウも首を伸ばすものの、高速の敵を捕らえられない。

2 流血で動きが鈍る

タラットアルコンは標的の胴や足に噛みつき攻撃！ フタバスズキリュウも激しく抵抗し、致命傷は与えられないが、傷口が増えて流血すると動きが鈍くなりはじめる。

クライマックス

3

長い首で一瞬の反撃

標的に、とどめを刺そうとタラットアルコンが突撃。だが一瞬の反撃を狙ったフタバスズキリュウは敵の顔面に噛みつき！ 目を潰されたタラットアルコンは逃亡した。

キラーアタック!!
顔面への噛みつき

フタバスズキリュウが持つ、魚食性特有の円錐形の鋭い歯が、油断した敵の顔面に突き刺さり、眼球を破壊することに成功した！

勝者　青コーナー
フタバスズキリュウ

強力な捕食者との戦いに防戦一方のフタバスズキリュウ。だが、一瞬の隙を突いて、長い首を使いタラットアルコンの急所を見事にピンポイント攻撃。

リオプレウロドン

凶暴な海中のプレデター

全長 **10**m

体重 **不明**

分類	爬虫類クビナガリュウ類
食性	肉食（魚食）
時代	三畳紀　ジュラ紀　白亜紀

化石

サイズ

海のスピードスター

首が短いクビナガリュウ。流線型の体と、4つのひれ状の足を持ち、スピードが出る泳ぎ手だったと考えられている。ジュラ紀後期に、ヨーロッパの海洋における食物連鎖の頂点に君臨した捕食動物だ。

武器

超危険な顎

体長比でおよそ1/7にもなる1.5mの大きな頭部には長くがっしりとした顎があり、口には円錐形や三角錐形の歯が並ぶ。

アーケロン

海原を遊泳する装甲潜水艇

全長 **4m**

体重 **不明**

分類	爬虫類カメ類 アーケロン類
食性	肉食
時代	三畳紀 ジュラ紀 白亜紀

化石

サイズ

前回の戦い ▶ vsメトリオリンクス

メトリオリンクスの噛みつきを、甲羅で防御したアーケロンは、強力なクチバシで反撃。メトリオリンクスは後ろ足を噛みつかれて、激しく身をよじる。そして、ついに後ろ足を喰いちぎられてしまい、メトリオリンクスは不格好な泳ぎで逃走した。

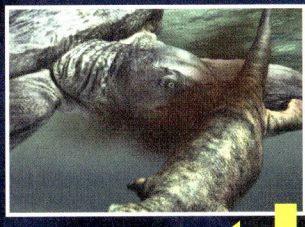

▶P112

1.5 mの大顎を持つリオプレウロドンと、強固な甲羅を持った大ウミガメ、アーケロンの一戦は、一芸に秀でた両者の特徴をぶつけ合う戦いだ。体格差はあるが、攻撃力と防御力がせめぎ合う、緊迫した攻防が、名勝負を生むことが予想される。アーケロンが、獰猛な相手に対して、いかに反撃の糸口を見つけていくのか。勝敗の行方は、その一点に掛かっている!

バトル開始

1 クチバシの噛みつきで先制

アーケロンがリオプレウロドンの前ヒレに噛みつき、意外な先制攻撃で試合開始! 苛立ったリオプレウロドンは、肉を裂かれながら力ずくでアーケロンを引き離す。

2 強力な顎の攻撃を甲羅で防御

流血するリオプレウロドンは、いそいでアーケロンの側面に回り込み、噛みついた! しかし一噛み、二噛みでは、その頑丈な甲羅を砕くことはできない。

3 強靭な装甲も粉砕された！

だが、リオプレウロドンが何度も何度も噛み続けると、アーケロンの足は傷つき、ついに耐えきれずに甲羅も粉砕。アーケロンはあえなくエサとなってしまった！

クライマックス

キラーアタック!! 強靭な顎の力

リオプレウロドンの顎の力が勝負のカギ。首は短いが筋肉は多いため、咬合力は抜群だ。

勝者 赤コーナー リオプレウロドン

アーケロンの先制で幕を開けた序盤だが、それ以降は打つ手がなかった。強力なはずの甲羅の耐久性も、リオプレウロドンの時間をかけた咀嚼で打ち破られてしまった。

古代水中の日本代表

フタバスズキリュウ

全長 **7**m
体重 **不明**

分類	爬虫類クビナガリュウ類	化石		サイズ
食性	肉食（魚食）			
時代	三畳紀　ジュラ紀　白亜紀			

前回の戦い　vsタラットアルコン

序盤は巨大な魚竜、タラットアルコンの早い連続攻撃に苦戦。流血しながらも、反撃のチャンスをうかがい、ついに油断した敵の顔面噛みつき攻撃に成功！　鋭い歯が目に突き刺さり、戦闘不能となったタラットアルコンは逃亡した。

P116

モササウルス

白亜紀の攻撃型潜水艦

全長	**18m**
体重	**不明**

分類	爬虫類有鱗類 モササウルス類
食性	肉食（魚食）
時代	三畳紀 ジュラ紀 白亜紀

化石

サイズ

白亜紀の凶暴な海棲爬虫類

白亜紀の海洋の覇者といえる肉食爬虫類。頭骨はワニのような形態で、顎には後方に湾曲した多数の歯を持っている。海表面を遊泳し、魚類やイカ、アンモナイト、そしてほかの海棲爬虫類などを捕食していたと思われる。

武器

水中戦専用の肉体

円筒形の胴体と先が尖った頭部、推進力を生み出す強力な尾、ヒレ状の四肢など、ほかを寄せつけない強靭な水中特化型ボディだ。

白亜紀、クビナガリュウ類とモササウルス類は、ともに世界中の海で繁栄していた。体の半分が首というフタバスズキリュウが、全長2倍以上という巨体のモササウルスに、どう挑んでいくのか。首をめぐらし、警戒に怠りが無いフタバスズキリュウに対し、モササウルスは尾をくねらせながら悠然と接近する。

バトル開始

1 後ろから狙い撃ち

モササウルスの遊泳スピードは、フタバスズキリュウを上回っていた。小回りの利かないフタバスズキリュウの背後に難なく回り込み、短い尻尾に噛みついた！

2 噛みつきで反撃するが…

フタバスズキリュウは背後のモササウルスに対し、長い首を曲げての、噛みつきで応戦を開始。だが小さな顎では、決定的なダメージを与えることができない！

クライマックス

3 瞬間的に頭を丸かじり

フタバスズキリュウの攻撃タイミングに合わせ、瞬発力を発揮したモササウルスは大きな口で相手の頭を丸かじり。次の瞬間、頭を失ったフタバスズキリュウは痙攣をはじめた。

キラーアタック!!
大顎を活かした首狩り

白亜紀の捕食者モササウルスの強力な顎に、フタバスズキリュウはカウンターを食らって頭部が丸ごとなくなる。

勝者　青コーナー
モササウルス

体格、咬合力、遊泳力と、すべての能力で勝るモササウルスだったが、それでも長い首を避け、慎重に背後から襲撃したのは、ハンティング能力の高さの証明といえるだろう。

ついに、水生爬虫類トーナメントの決勝戦が開始される。最終戦まで勝ち残ったのは、ジュラ紀を代表する全長10mのリオプレウロドンと、白亜紀代表の18mのモササウルスの2匹。両者とも、それぞれの時代の海洋を制した王者である。対戦ステージの大海原で生き残るのはどちらか。今、最後の大一番が始まった！

バトル開始

1 有利な攻撃ポジションどり

悠然と泳ぐモササウルスのポテンシャルを、本能で察したリオプレウロドン。有利なポジションを取ろうと大きなひれでの急速潜行でモササウルスの下に潜り込んだ。

2 タックル気味の一撃

モササウルスも相手に真下をとられまいとするが、リオプレウロドンは20mほど下から尾びれを動かし、真上に急速上昇！　体当たり気味に敵の尾びれに噛みついた！

クライマックス

3 肉を切らせて、腹を裂く

尾を噛みちぎられたモササウルスは、その瞬間、体を丸めて敵の腹部に噛みつき！　リオプレウロドンは持ち前の推進力でも逃げきれず、腹を裂かれて息絶えた。

キラーアタック!!
刺し違えのハラキリ攻撃

モササウルスの自らの傷を厭わない、腹部への刺し違え攻撃が決定打となった。

勝者　青コーナー

モササウルス

体格の小ささを活かしたリオプレウロドンは、小回りとスピードを利かせて有利なポジションから攻撃を仕掛けたが、モササウルスはカウンターの一撃で勝利をものにした。

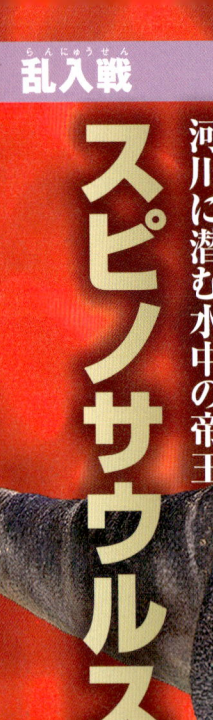

河川（かせん）に潜（ひそ）む水中（すいちゅう）の帝王（ていおう）

スピノサウルス

全長（ぜんちょう）	**15**m（メートル）	
体重（たいじゅう）	**11**t（トン）	

分類（ぶんるい）	竜盤類獣脚類（りゅうばんるいじゅうきゃくるい） スピノサウルス類
食性（しょくせい）	肉食（魚食）（にくしょく・ぎょしょく）
時代（じだい）	三畳紀（さんじょうき） ジュラ紀（き） 白亜紀（はくあき）

化石（かせき）

サイズ

超巨大（ちょうきょだい）な水中（すいちゅう）の悪夢（あくむ）

史上最大級（しじょうさいだいきゅう）の肉食恐竜（にくしょくきょうりゅう）。肉食恐竜（にくしょくきょうりゅう）としては珍（めずら）しく四足歩行（しそくほこう）で、水中生活（すいちゅうせいかつ）に適応（てきおう）していたと考（かんが）えられている。魚（さかな）を捕（と）らえるのに役立（やくだ）った細（ほそ）く長（なが）い頭部（とうぶ）を持（も）ち、深（ふか）い河川（かせん）でサメやエイなどを捕食（ほしょく）していたと推測（すいそく）されている。

武器（ぶき）

背中（せなか）の巨大帆（きょだいほ）

歯（は）は長（なが）く鋭（するど）い円錐形（えんすいけい）で周（まわ）りにタテの筋（すじ）がついている。これは食（た）べるときに噛（か）んだ魚（さかな）の鱗（うろこ）が張（は）り付（つ）きにくい構造（こうぞう）だ。

モササウルス

白亜紀の攻撃型潜水艦

全長	**18m**
体重	**不明**

分類	爬虫類有鱗類 モササウルス類
食性	肉食（魚食）
時代	三畳紀 ジュラ紀 白亜紀

化石

サイズ

前回の戦い **vsリオプレウロドン**

モササウルスの実力を見抜いたリオプレウロドンは、有利なポジションを取ろうと真下に潜行。急速上昇して、体当たり気味に尾びれを攻撃した。尾を噛み切られたモササウルスは体を丸めて反撃。リオプレウロドンは腹を引き裂かれて息絶えるのだった。

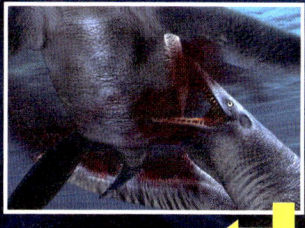

P126

水生爬虫類トーナメントのチャンピオン・モササウルスに、急接近する影が！　水中最強は俺だとばかりに、スピノサウルスが挑んだのだ。全長18 mのモササウルスと15 mのスピノサウルスでは、体格もほぼ互角。遊泳スピードには差があるが、スピノサウルスには陸上戦に引きずりあげる奥の手もある。水生爬虫類 vs 恐竜の異種戦がはじまる！

バトル開始

1 圧倒的な眼下の敵

はやったスピノサウルスが果敢に相手に噛みつこうとするが、圧倒的な遊泳スピードを誇るモササウルスは難なく回避。深い深度から、攻撃の狙いをつけるのだった。

2 空中噛みつき殺法

急浮上したモササウルスは水面でジャンプ。水上につき出たスピノサウルスの帆に噛みついた！　半分ほども噛み切られた帆が大流血をはじめ、海面を朱に染める。

クライマックス

3 水中無双の名のもとに

闘争心を奮い立たせたスピノサウルスは、玉砕覚悟で最後の攻撃。だがモササウルスも応戦して相手の傷を拡げ、失血死でフィニッシュ。水中無双の名を手に入れた！

キラーアタック!! 大流血の消耗作戦

自分と同等の体格の相手には、何度も噛みつき攻撃を仕掛け、大量出血によるKOを狙った。

勝者 青コーナー

モササウルス

海中生活に適応しているモササウルスは、抜群の遊泳スピードを使い、スピノサウルスを手玉にとった。ほとんど一方的な攻撃でスピノサウルスは失血死している。

メガロドン

地球史上最大の大ザメ

全長（ぜんちょう）	**18m**（メートル）
体重（たいじゅう）	**不明**（ふめい）

分類（ぶんるい）	軟骨魚類サメ類（なんこつぎょるいさめるい）
食性（しょくせい）	肉食（にくしょく）
時代（じだい）	新生代新第三紀（しんせいだいしんだいさんき）

化石（かせき） ※世界各地（せかいかくち）

サイズ

恐怖の古代ジョーズ（きょうふのこだいジョーズ）

現生のホホジロザメが属しているイタチザメ類の仲間に分類され、成長すると最大では全長18mに達したと推測される、太古の海の怪物だ。主にクジラを捕食していたようだが、軟骨魚類で、顎以外の化石が残らず、謎が多い。

武器（ぶき）

巨大な鋭い歯（きょだいなするどいは）

発掘された歯の化石は、いずれも高さ10cm（センチメートル）を超えるもので、ホホジロザメに酷似。両側が鋸のような鋸歯になっている。

モササウルス

白亜紀の攻撃型潜水艦

全長 **18m**

体重 **不明**

分類	爬虫類有鱗類 モササウルス類
食性	肉食（魚食）
時代	三畳紀 ジュラ紀 白亜紀

化石

サイズ

前回の戦い vsスピノサウルス

スピノサウルスが果敢に攻撃するが、スピードで勝るモササウルスは簡単に回避。水面に突き出た背中の帆にジャンプして噛みついた！ 帆の半分を噛みちぎられたスピノサウルスは最後の攻撃を仕掛けるが、モササウルスが噛み返し、とどめを刺した。

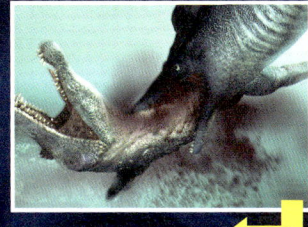

P130

水中王の称号を欲しいままにしたモササウルスを虎視眈々と狙う、新たな刺客がいた。地球史上最大のサメ・メガロドンである。全長 18m のメガロドンは、モササウルスとほぼ同じ体格を誇り、魚類であるため遊泳スピードははるかに速い。この最大の強敵をモササウルスは、どう攻略するのか。今まさに、時代を超えた海の最強王者決定戦の火ぶたが切られた。

バトル開始

1 深く静かに潜行せよ

先に相手を発見したモササウルスが、難敵メガロドンに襲いかかった。しかしメガロドンは焦るそぶりも見せず、深く潜行して、突進噛みつきを回避した。

2 頭上の獲物をロックオン

深みから見上げるメガロドンは、海中の上層で辺りを警戒するモササウルスの様子をうかがっていた。これはサメ類のハンティングの常套手段だ。

クライマックス

3 激しいアタックで胴体を分断

突如、メガロドンは急速上昇！ モ
ササウルスの死角から隙を突いて攻撃。
タックルのような噛みつき攻撃の衝撃
で、モササウルスは胴体を噛みちぎら
れてしまった！

キラーアタック!!
タックルのインパクト

急速上昇のタックルと組み合わ
せた、衝撃力の大きい、噛みつ
きが勝負の決め手となった。

勝者 赤コーナー
メガロドン

深深度の死角から敵を襲う攻撃は、
サメ一流のハンティング法。警戒し
ていたはずのモササウルスだった
が、なすすべもなく攻撃を受け、敗
退するのだった。

恐竜時代の日本

日本はかつてアジア大陸とつながっていた。それは地上で生きる動物にも、影響を与え、今日見つかる化石がそれを示す。

三畳紀の大陸配置

約2億5200万年前

すべての大陸は集合し、超大陸パンゲアのみがあった。地上生物は陸づたいに移動でき、広い生息範囲をもつ種が多かった。

超 大陸パンゲア

ジュラ紀の大陸配置

約2億100万年前

大陸の分裂がはじまる。

北アメリカ
アジア
太平洋
テチス海
ゴンドワナ大陸

北アメリカ
アジア
太平洋
アフリカ
南アメリカ
オーストラリア
南極大陸

白亜紀前期の大陸配置

約1億4500万〜約1億年前

温暖化などの影響によって海水面が上昇し、各大陸で大規模な水没が見られた。

　恐竜が生息した三畳紀、ジュラ紀、白亜紀には、日本の一部はアジア大陸と地続きで、一部は海の底にあり、今とはまったく違う形をしていた。

　現在、日本には北海道から九州にいたる各地に中生代の地層があり、各地層からさまざまな化石が発掘されてきた。化石の産出地としてはアメリカや中国が有名だが、かつては大陸と地続きだった日本にも多くの恐竜がいたことは間違いない。しかし、火山や多量の降雨などの自然条件が、日本における恐竜化石発掘の難しさの一因となっている。

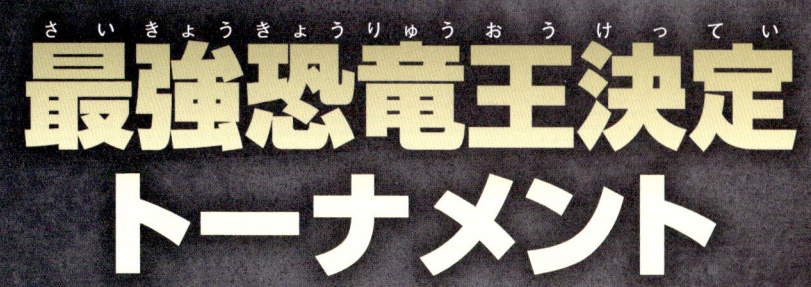

最強恐竜王決定トーナメント

準々決勝、準決勝、決勝戦

優勝

決勝

準決勝 第1試合

準決勝 第2試合

準々決勝 第1試合

準々決勝 第2試合

準々決勝 第3試合

準々決勝 第4試合

ティラノサウルス

デイノニクス

サイカニア

トリケラトプス

ギガノトサウルス

テリジノサウルス

トロオドン

スピノサウルス

1試合ごとに激しさを増していく恐竜対決。次なるバトルは、地球史上最強といわれるティラノサウルスと、頭脳作戦が得意なデイノニクスの戦いだ。デイノニクスは、映画『ジュラシック・パーク』シリーズに登場する悪役「ラプトル」の実質上のモデルにもなった、狡猾なハンターチームである。複雑な地形の森林は、デイノニクスが張るトラップに最適なロケーションだが、それが白亜紀の王者に通用するのか !?

バトル開始

1 あわてて連携作戦を開始

どっしりと構えたティラノサウルスを見るや否や、デイノニクス・チームは、有利に試合を運ぶべく森林に四散した。真っ向勝負を避ける戦法に出る。

2 鋭い嗅覚で1匹が狩られてしまう

森林に隠れながらティラノサウルスを包囲するデイノニクスたち。しかし、嗅覚に優れたティラノサウルスは、チームの1匹のにおいをかぎとって見つけだし、噛み殺す。

クライマックス

3

3匹掛かりで奮闘するも

逃げ隠れできないことに狼狽するデイノニクスは3匹で一気に飛びかかる！　だがティラノサウルスには及ばず、チーム全員噛み殺されてしまった！

キラーアタック!!
恐竜屈指の嗅覚

ティラノサウルスの勝因は隠れた獲物を見つけ出す嗅覚。嗅覚をつかさどる脳の部位、嗅球が大きい。

勝者　赤コーナー

ティラノサウルス

デイノニクスの頭脳を使ったゲリラ戦法を、ティラノサウルスが天性のハンティング能力で撃破。焦りを誘発させ、チームワークを崩したティラノサウルスが勝利をもぎとった。

体中を装甲で包んだサイカニアと、頭部に 1mの角を備えたトリケラトプスの戦いは、まさに「矛と盾」の戦い。多くの肉食恐竜を撃退してきた両者がここで相打つ。普段は攻撃的ではないサイカニアとトリケラトプスが、対戦ステージの荒野で最強の植物食恐竜の武器を決めるべく火花を散らす！

バトル開始

1 ハンマー攻撃で流血

鼻息荒いサイカニアが尻尾ハンマーを振り回して攻撃を開始。ジャストミートの一撃ではなかったがトリケラトプスは顔に数カ所、傷を負って流血。

2 チャンスを待っての角攻撃

相手の出血をチャンスとみたサイカニアは、体を半回転させて大ぶりの一撃で勝負に出た。だが、その瞬間を待っていたトリケラトプスは、角でわき腹に突撃！

クライマックス 3

角を使った浴びせ倒し！

トゲの鎧に進撃を止められたトリケラトプスだったが、カブトムシのように角で相手をひっくり返し重量級ストンピング！ 無防備の腹を狙われ大ダメージを負ったサイカニアは戦闘不能となった。

キラーアタック!!
超重量級の踏み潰し

決まり手は 10t の体重を持つトリケラトプスの踏み潰し攻撃。どんな相手でも内臓破裂必至の大技だ。

勝者　青コーナー
トリケラトプス

植物食恐竜究極の矛盾対決は、防御力の隙間を突いたトリケラトプスが勝利した。角を使って転がされ、最終兵器の踏み潰し攻撃を喰らった。

大型恐竜同士の戦いだが、全長13mのギガノトサウルスは、全長9.5mのテリジノサウルスよりも体格が二回りも違う。一方、テリジノサウルスには、1mもの長大な爪がある。自らの長所を活かした戦い方に持ち込みたい両者。機先を制するべきか、相手の出方に合わせるべきか。

バトル開始

1 爪が片目を切り裂いた

飛び出したテリジノサウルスが長い爪で先制。爪の一撃はギガノトサウルスの顔面にクリティカルヒット！片目を切り裂かれ、ギガノトサウルスは距離感を失った。

2 肉食恐竜の反撃がはじまった

テリジノサウルスは、敵の顎が届かないアウトレンジから、なおも左右の爪攻撃。その激しい攻撃をギガノトサウルスがようやく口でキャッチ。片腕を喰いちぎった！

クライマックス

3

首に噛みつき一瞬で勝利

激痛に怒り狂ったテリジノサウルスは片方の腕で攻撃をくり出すも、手数が減って懐に飛び込まれる。首に噛みつかれ、テリジノサウルスは絶命してしまう。

キラーアタック!!
至近距離の噛みつき

ギガノトサウルスの強力な噛みつきを受けたテリジノサウルスは即死した。

勝者　赤コーナー

ギガノトサウルス

予想外の先制攻撃に片目を失ったギガノトサウルスだったが、相手の懐に入った。距離感がつかめなくとも、インファイトに持ち込めば肉食恐竜の圧倒的破壊力が炸裂する。

全長 2.4 mの小兵トロオドンと、約6倍も大きい 15 mのスピノサウルスの肉食恐竜対決である。アグレッシブな攻撃力を持つスピノサウルスに、恐竜随一といわれるトロオドンの頭脳が、どう対抗するのかが勝負のポイントだ。川辺という対戦ステージは、スピノサウルス有利と思われるが、トロオドンにはそれを逆転する知恵がある。

バトル開始

1 小兵はアウトレンジに避難

戦場が川辺ということで勢いを得たのか、スピノサウルスは先に俊敏なトロオドンに襲いかかろうとする。しかしトロオドンは攻撃が届かない川辺に転がる巨岩に登り、やり過ごす。

2 気温の低い早朝に戦闘再開

トロオドンが持久戦に持ち込み日が没む。翌朝、日が昇ると体の小さなトロオドンは、すぐに体温が上昇。体温が上がらず動けないスピノサウルスに後ろ足のカギ爪で攻撃開始！

クライマックス

3 流血しながら、なんとか敵を捕獲

胴体から流血したスピノサウルスだったが、トロオドンが運良く口元に来たところを捕獲。そのまま水に引きずり込んで、餌食にしたのだった。

キラーアタック!!
体格差を利用したモンスターバイト

スピノサウルスの歯は魚をとらえるのに適した構造だが、体の小さなトロオドン程度であればひと噛みで葬れる。

勝者　青コーナー
スピノサウルス

翌朝の日の出前まで、勝負を引き延ばしたトロオドンの作戦は見事。しかし、意地で敵をくわえ込んだスピノサウルスの食欲が、優秀な頭脳をわずかに上回った。

暴君竜ティラノサウルスと角竜トリケラトプスは、両者が生きていた白亜紀で、何度も戦いをくり返してきたライバル同士である。アリゲーターの10倍の咬合力を持つティラノサウルスの強力な顎に、トリケラトプスはどう対抗するのか。戦場は荒野。お互いに逃げも隠れもできない正念場である。永遠のライバル恐竜同士の激突が、ついに火ぶたを切った！

バトル開始

1 突然の角アタックを敢行

いきり立つティラノサウルスに向かって、トリケラトプスがゆっくりと接近。近距離から力強く、角をねじ込む！ 切り裂かれたティラノサウルスの胸は大流血。

2 敵の防御盾を粉砕

歴戦の猛者ティラノサウルスは、流血に動じることなくトリケラトプスのフリルに噛みつき反撃。強引に顎を動かすとフリルは上下真っぷたつに折れてしまう。

クライマックス

3 冷静に弱点を攻撃

焦ったトリケラトプスも角で抵抗するが、弱点の首筋はフリルがなくなって露わに！　ティラノサウルスは、冷静にそこにかぶりつき、ライバル対決を制した。

キラーアタック!!
無慈悲なフリル潰し

けい椎を噛み砕く、強力な顎の攻撃が決め手になった。先にフリルを噛み切ったのも作戦の一つだ。

勝者　赤コーナー

ティラノサウルス

的の大きいフリルに噛みつくのは、ティラノサウルスならではの芸当。首筋の防御壁を失えば、トリケラトプスの戦闘能力と威厳は著しく低下する。

川辺の対戦ステージでスタートする一戦は、陸上戦を得意とするギガノトサウルス vs 水陸両用のスピノサウルスの巨大肉食恐竜対決だ。全長 13 mと 16 mが展開する大型肉弾戦は、流血必至の大勝負になるだろう。ギガノトサウルスが敵の喉を噛み切るのか、スピノサウルスが相手を川底に引きずり込むのか。血に飢えた 2 匹の死闘が、ついに幕を開けた！

バトル開始

1 水中に持ち込もうとタックル

自分よりは小さいものの、存在感を放つギガノトサウルスに焦るスピノサウルス。得意の川に引きずり込む攻撃で決着をつけようと、タックルをくり出した。

2 ビクともしない ギガノトサウルスの標的に

しかし体長の割りに、体重が軽いスピノサウルスのタックルでは、相手を動かすことができない。逆に敵から近づいてこられたギガノトサウルスは噛みつく。

クライマックス

3 背中の帆を喰いちぎる！

スピノサウルスの背中の帆を、ギガノトサウルスが喰いちぎった！　帆から大流血したスピノサウルスは、水を真っ赤に染めながら逃走するしかなかった。

キラーアタック!!
近距離噛みつき

勝者　赤コーナー
ギガノトサウルス

陸上では、ギガノトサウルスを倒すほどのタックルができなかったのがスピノサウルスの敗因だ。その間、ギガノトサウルスは冷静に敵の弱点を見極めていた。

ギガノトサウルスの強力な噛みつき攻撃が、スピノサウルスの血管が走る背中の帆を引き裂いた！

恐竜の尻尾入り琥珀「エヴァ」

2016年12月、長さ数cmの小さな琥珀「エヴァ」の発見が報告された。エヴァには「恐竜の尻尾」が閉じ込められ、化石には残りにくい羽毛や筋肉などが立体的に保存されていた！

琥珀は太古を閉じ込めるタイムマシン

エヴァには蟻が入っている。琥珀には蝿、蜘蛛などの昆虫やヘビ類が入っていることもある。

尻尾の持ち主は？

発見された尻尾の構造から、子どものコエルロサウルス類のものと推測されている。

Royal Saskatchewan Museum (RSM/ R.C. McKellar)

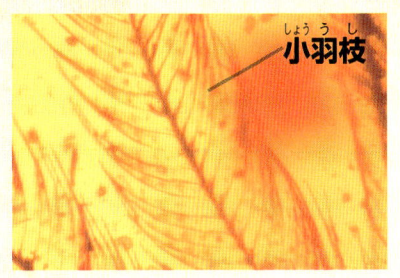

小羽枝
しょううし

Royal Saskatchewan Museum (RSM/ R.C. McKellar)

恐竜の羽毛の形

エヴァの拡大写真。現代の鳥類は、小羽枝の先端が枝分かれしてカギ爪状になっているが、エヴァのものはそれとは異なりシンプルで恐竜の特徴が出ている。

Chung-tat Cheung

尻尾の持ち主の想像イラスト

エヴァ内の羽毛の色は背側が茶色で、腹側は淡い白色。見つかった尻尾の形状から、全体の体の大きさは雀ほどだと推定される。

化石には残らない立体的なデータ

2016年12月、科学誌『カレントバイオロジー』で、長さ37mmの恐竜の尻尾が閉じ込められた琥珀の発見が報告された。これはミャンマーで採石されたもので、恐竜が繁栄を誇った中生代白亜紀なかばにあたる約9900万年前の地層から発見された。この琥珀は「エヴァ」と呼ばれ、尻尾には筋肉、骨、羽毛が残っている。CTスキャンなどの分析で、尻尾の骨は一部の獣脚類のつくりと同じく、互いにくっついて一体化し、短くなっているとわかった。また、鳥類の羽軸は発達して硬い芯を持つが、エヴァの羽毛にはそれがなく、獣脚類の特徴を持つ。これらから、エヴァの尻尾は獣脚類のものだと判断された。残念なことに、古すぎて琥珀中の組織からDNAを抽出することは不可能だが、化石とは異なり立体的な構造がうかがえる。

琥珀ってナニ？

琥珀は、太古に樹木が出した樹液などの樹脂が長い年月をかけて化石化したもので、宝飾品として取引されることが多い。エヴァもミャンマーの琥珀業者が取り扱っていたものだが、それが恐竜研究に携わる関係者の目にとまって、運よく研究対象となった。

琥珀はネックレスなどとして高値で取引されることもある。

最強の恐竜を決定するファイナル・ステージが始まろうとしている。戦場はテーブル・マウンテン。あのコナン・ドイルの名作文学「失われた世界」の舞台のモデルにもなった秘境は、最強を決めるにふさわしい。骨を噛み砕くティラノサウルスの強力な顎と、肉を切り裂くギガノトサウルスの鋭利な歯の対決は、まさに大勝負になるだろう。

バトル開始

1 サイズの小さな敵をなめてかかった

ティラノサウルスは、自身を上回るサイズのギガノトサウルスを警戒。一方、体格的な優位から、相手を過小評価したギガノトサウルスは一気に勝負に出た。

2 小さな前足への噛みつき

体格で勝るギガノトサウルスは、ティラノサウルスの長さ約90cmの短い前足に噛みついた。小さな手から喰いちぎってしまう作戦だ。

クライマックス

3

顎で敵の頭蓋骨を噛み砕いた！

しかしティラノサウルスは、手に喰いついている目の前のギガノトサウルスの頭に、冷静に噛みついた。油断したギガノトサウルスは噛みついたまま、頭蓋骨を粉砕されてしまうのだった。

キラーアタック!!
強力な咬力が恐竜王の証

相手の頭蓋骨まで粉砕してしまうティラノサウルスの強力な咬合力が、勝利の決め手となった！

勝者　赤コーナー
ティラノサウルス

体格差に油断してしまったギガノトサウルスは、敵の顎の威力を見誤っていた。ティラノサウルスは、強力な顎でギガノトサウルスの頭を一気に噛み砕いた。

バトルを振り返る

恐竜・翼竜・太古の動物による最強王者を決定する大バトルは、全32試合が行われ幕を閉じた。これらは時代や地域を超えた架空の戦いだが、現実に提唱されている学説をもとに、シミュレーションしたトーナメントである。

本書で恐竜最強王者となったのは、ティラノサウルスだ。もちろん異論、反論はあるだろう。これからも新たに発表されるだろう恐竜の新学説をもとに、自分なりの戦いを想像するのも一興である。

本来、恐竜たちには、まだまだ隠された能力があるはずだ。たとえば本書でサイカニアとの戦いを放棄したアロサウルスが飢餓状態だったら、もっと激しい攻撃を仕掛けただろう。傷を負わされ敗走したタラットアルコンが、ハンター能力を活かし、戦いの後もずっと追跡を続けていたら、フタバスズキリュウは無事だったろうか。

これらの戦いで浮き彫りになったのは、それぞれの恐竜や

生物たちが、いろいろな武器や長所を持っていたことだ。強力な顎を持つもの、長大な角を持つもの、足の速いもの。彼らは長い進化のなかで、生き残るためにこうした武器を身につけてきた。

　本書の戦いで描かれたのは、そのほんの一面に過ぎない。実際にはもっと、さまざまな側面があったはずだ。強力な顎を持つティラノサウルスは、誰もが恐れる強者に間違いない。しかし小さなデイノニクスたちも集団になると、敵なしの強さと思

われる。巨大な竜脚類アルゼンチノサウルスには、大型の獣脚類も、おいそれとは近づけなかった。一方、海の覇者モササウルスは、本書では水中の王者になったが、実際には食物を効率的に食べるように進化したライバルたちと生態系の覇権を争い、やがて白亜紀末の絶滅で姿を消したといわれる。

　地球の歴史で生物たちは、自分たちの長所を活かし、時代を生き抜いてきた。

　実はそれが恐竜の、ひいては生物本来の「強さ」なのである。

恐竜時代終焉の謎

チチュルブ・クレーターの位置と大きさ

アメリカ

チチュルブ・クレーター　ユカタン半島

グアテマラ

180km キロメートル

カンクン

ベリーズ
ホンジュラス

現在残るメキシコユカタン半島の直径約180キロメートルの「チュルブ・クレーター」が恐竜絶滅の原因となった隕石の落下地点だと考えられている。

恐竜絶滅の原因は巨大隕石落下が最有力！

　中生代（三畳紀、ジュラ紀、白亜紀）に地球上で繁栄した恐竜は、約6600年前に突如、姿を消した。その理由として、さまざまな説が唱えられている。

　ここで一部を紹介すると、当時、現在のインドにあたるところで大規模な火山活動が起こったことによる環境破壊の影響説、伝染病の流行説、または被子植物が地球に現れて植物食恐竜が消化困難になり、生態系が崩れたという説などがある。

　そのような多くの説のなかで、もっとも有名、かつ有力視されているのが「隕石落下説」である。

　これは恐竜が絶滅した時代に、現在のメキシコ・ユカタン半島に直径約10kmの小惑星が衝突したというものだ。この衝突によって地球は1500℃にものぼる高温の雲に覆われ、森林や草原で大規

1億6千万年の間、地上を我が物顔で支配した恐竜だが、鳥類を除く恐竜たちは突如姿を消す。なぜ恐竜はいなくなったのだろう。その謎は、日進月歩の勢いで解明されつつある。

模な火災が起こった。それだけではなく、高さ数百mの巨大津波も発生し、陸地を飲み込んだと推定される。これにより大量の塵がまきあげられ、やがて地球全体を塵が覆った。

そのような規格外の天変地異によって、「衝突の冬」といわれる寒気が到来した。塵が太陽の光を遮り、衝突からの10年間で気温は10℃も低下。光合成が困難になり植物が激減し、植物がなくなることで植物食の恐竜を含む動物が、

次いで植物食の動物を捕食していた肉食動物が姿を消していった。これが1億6千万年の間、地上で繁栄を極めた恐竜絶滅の顛末だとされている。

この大量絶滅事件を「K／Pg境界絶滅事件」といい、恐竜だけでなく首長竜類、モササウルス類、翼竜類などが姿を消していった。

しかしそのような過酷な環境変化を恐竜の一グループである鳥類は乗り越え、現在まで繁栄を続けてきたのである。

最強恐竜王

水中王

エントリー選手	登場ページ
アーケロン	111, 112-113, 119, 120-121
タラットアルコン	114, 116-117
フタバスズキリュウ	115, 116-117, 122, 124-125
メトリオリンクス	110, 112-113
モササウルス	123, 124-125, 126-127, 129, 130-131, 133, 134-135
リオプレウロドン	118, 120-121, 126-127

エキシビション

エントリー選手	登場ページ
スミロドン	81, 82-83
ハイイロオオカミ	44, 46-47
ホッキョクグマ	80, 82-83
メガロドン	132, 134-135

監修

土屋 健（つちや・けん）

オフィス ジオパレオント代表。サイエンスライター。金沢大学大学院自然科学研究科で修士号取得（専門は地質学、古生物学）。修士号取得後に株式会社ニュートンプレスに入社し、科学雑誌『Newton』で記者編集者、部長代理を経て2012年に独立。近著に『古第三紀・新第三紀・第四紀の生物　上・下巻』（技術評論社）『古生物たちのふしぎな世界（ブルーバックス）』（講談社）など。

主要参考文献

『DVD付 新版 恐竜（小学館の図鑑 NEO）』著・監修・冨田 幸光（小学館）
『生物の進化 大図鑑』監修・マイケル・J・ベントン他／日本語版総監修・小畠郁生（河出書房新社）
『恐竜ビジュアル大図鑑』著・土屋健（洋泉社）
『「もしも？」の図鑑 くらべる恐竜図鑑』著・土屋健 監修・群馬県立自然史博物館（実業之日本社）
『「もしも？」の図鑑 恐竜の飼い方』著・土屋健 監修・群馬県立自然史博物館（実業之日本社）
『NHKスペシャル 完全解剖ティラノサウルス 最強恐竜 進化の謎（教養・文化シリーズ）』
　著・編集・土屋健／編集・NHKスペシャル「完全解剖ティラノサウルス」制作班（NHK出版）
『最新の研究でわかった！恐竜の謎（SAKURA・MOOK 49）』協力・小林快次（笠倉出版社）
『よみがえる恐竜図鑑』著・スティーブ・ブルサット／監修・北村 雄一／翻訳・椿正晴（SBクリエイティブ）
『オオカミ (ナショナルジオグラフィック動物大せっきん)』
　著・ジム・ブランデンバーグ、ジュディ・ブランデンバーグ／監修・小宮 輝之 他（ほるぷ出版）
『ホッキョクグマ (大自然の動物ファミリー)』
　著者・トーア ラーセン、シュビレ カラス、Thor Larsen (原著)、Sybille Kalas (原著)（くもん出版）
『The Princeton Field Guide to Dinosaurs (Princeton Field Guides)』著・Gregory S. Paul (Princeton Univ Pr; 2 Revised 版)

きょうりゅうさいきょうおうじゃだいずかん
恐竜最強王者大図鑑

2017年7月28日　第1刷発行

監修	土屋 健
発行人	蓮見清一
発行所	株式会社宝島社
	〒102-8388　東京都千代田区一番町25番地
	電話：営業 03（3234）4621／編集 03（3239）0928
	http://tkj.jp

印刷・製本　　株式会社リーブルテック

編集	坂尾昌昭、小芝俊亮、神川雄旗（株式会社 G.B.）
CGイラスト	服部雅人
デザイン	山口喜秀、森田千秋（G.B.Design House）
DTP	徳本育民
執筆協力	幕田けいた